Layered : SEOUL
청년들이 기록하는 지속 가능한 서울

Layered : SEOUL
청년들이 기록하는 지속 가능한 서울
ⓒ RAFO

발행일 2025년 10월 30일
지은이 RAFO
기획 RAFO (서효원, 강이서, 류정윤, 정서영, 윤혜령, 유정연)

발행처 인디펍
발행인 민승원
출판등록 2019년 01월 28일 제2019-8호
전자우편 cs@indiepub.kr
대표전화 070-8848-8004
팩스 0303-3444-7982

정가 20,000원
ISBN 979-11-6756745-1 (03330)

이 책은 저작권법에 따라 보호받는 저작물이므로 무단 전제와 복제를 금합니다.
서울시자원봉사센터 및 서울동행에서 제작 지원을 받았습니다.

Layered (adj)
: 층이 있는, 층을 이룬

서울 (명사)
: 우리나라의 수도.

Contents 목차

Prologue
지속가능한 서울은 거창한 비전이 아니라
지금 우리가 쌓고 있는 '레이어'에서 시작된다 008

Part 1. 생활 (Place)
서울역, [   ]를 잇다 016
지속가능을 위한 성수동 025
초록이 도시를 살린다 034
interview 공덕동 식물 유치원 044

Part 2. 생산 (Work)
비건 한 그릇, 제로 웨이스트 한 걸음 054
함께, 더 나은 내일을 만드는 우리들 073
interview 청년 예술가, 안효명 086
NODE : EDGE - 서울의 중심과 경계 094
interview 로컬브랜드 성북동길
    중세스튜디오 뉴기믹 100
    마미공방 108
    스테인드글라스 공방 하늘빛아뜰리에 116
    정유정 도예작업실 122

Part 3. 여가 (Folk)

서울 크로노토프	134
모두의 권리, 모두의 디자인	148
골목마다 스민 이야기	150
더 큰 꿈을 위한 도약	160
interview 지속가능한 커리어, 박효진	162
interview 1인 미디어 사업가, 전성빈	168

Epilogue

interview 서울밖 로컬생활자	178
Behind the Layeres	188

Tap & Explore : NFC Digital Extras

서울은 여전히 서울이고,
나는 여전히 나야,
너는 여전히 너야?

Prologue

지속가능한 서울은 거창한 비전이 아니라
지금 우리가 쌓고 있는 '레이어'에서 시작된다

프로젝트 매니저. 서효원

서울은 늘 변화하는 도시다.
매일 수많은 사람이 오가고, 낯선 풍경이 익숙한 풍경으로 덧입혀진다.
오래된 건물 위로 새 간판이 세워지고, 사라진 공간의 자리에 또 다른 이야기가 시작된다.
이렇게 매 순간이 겹겹이 쌓이며 하나의 서울이 만들어진다.

그러나 우리는 얼마나 자주 그 '레이어'를 들여다보는가.
눈앞의 화려한 도시 이미지 뒤에는, 서울을 지탱하는 삶의 흔적들이 있다.
시장의 손끝에서, 거리의 작은 가게에서, 혹은 청년들의 일상 속에서.
서울은 오늘도 조용히 자라나고 있다.

안녕하세요, <Layered : SEOUL> 독자 여러분.
이번 <Layered : SEOUL>을 통해 우리가 살아가는 도시, 서울을 '지속가능성'
이라는 키워드로 탐구하고자 합니다.

여러분은 서울에 대해 얼마나 알고 계신가요?

이 질문은 단순한 호기심을 넘어 이번 프로젝트의 출발점이자, 우리가 매거진을 통해 던지고 싶은 문제의식입니다. 지속가능성은 환경만의 화두가 아닙니다. 지금의 생활과 문화를 이어가면서도, 미래 세대가 기억하고 누릴 수 있는 기반을 남기는 것이 바로 지속가능성의 본질입니다. 다시 말해, 우리가 어떤 이야기를 남기고 어떻게 기억할지를 선택하는 일 또한 지속가능성의 중요한 축입니다.

서울은 K-팝, K-푸드, K-콘텐츠로 대표되는 대한민국 문화의 중심이자, 전 세계가 주목하는 도시입니다. 하지만 서울을 특별하게 만드는 힘은 단순히 글로벌한 문화산업에 있지 않습니다. 시장을 지키는 상인의 목소리, 매년 반복되는 동네 축제, 낡았지만, 여전히 살아 있는 골목 풍경, 그리고 청년들의 소소한 일상 같은 생활의 조각들이야말로 서울을 진짜 서울답게 만드는 힘입니다. 우리는 모두 서울의 문화를 구성하고 '서울'스러움을 만들어가는 주체입니다. 이런 이야기들이야말로 기록하지 않으면 언젠가 잊힐 수밖에 없는, 그러나 반드시 남겨야 할 우리의 자산입니다.

RAFO는 대학교 연합 동아리로 시작하여, 현재는 'ESG 프로젝트팀'으로 다양한 사회공헌 활동을 3년 동안 이어가고 있습니다. "지구를 지구답게 만든다"라는 슬로건 아래 그 동안의 경험을 바탕으로, 서울이라는 도시를 기록하는 <Layered : SEOUL>라는 새로운 도전을 하였습니다.

Layered는 겹겹이 쌓인다는 뜻을 가지고 있습니다. 서울은 우리의 수도이자 끊임없이 변하는 도시지만, 그 안에는 우리가 잘 의식하지 못한 수많은 레이어가 존재합니다. 익숙한 시장의 풍경, 낡은 골목길, 매년 열리는 지역 축제, 그리고 청년들이 살아가는 소소한 일상까지. 이 모든 것이 한 겹씩 쌓여 오늘의 서울을 만들어왔습니다. <Layered : SEOUL>은 그 레이어에서 지속가능성을 중점으로 하나씩 발견하고 기록하는 과정입니다.

이 문제의식을 구체화하기 위해 이번 매거진에는 영국의 도시계획가 패트릭 게데스(Patrick Geddes)가 제시한 Place-Work-Folk(장소·생산·생활) 이론을 구성의 원칙으로 삼았습니다. 게데스는 도시를 단순히 건물과 제도로 이해하지 않고, 사람·활동·환경이 유기적으로 얽힌 체계로 바라보았습니다. 우리는 이 관점을 현대 서울에 적용했습니다. 거리와 공원 같은 장소, 문화와 경제가 만들어내는 생산, 그리고 청년들의 삶과 관계로 이어지는 생활. 이 세 가지 축 속에서 각각의 원고는 서로 겹치고 이어지며 하나의 이야기를 만들어냅니다.

우리는 무엇을 기록하고, 어떤 이야기를 남겨야 할까요? 서울의 모습 중 어떤 레이어를 선택하고 기억할지가 미래 세대에게 전해질 자산이 될 것입니다. <Layered : SEOUL>를 통해 여러분도 함께 질문을 던져 보시기를 바랍니다.

나에게 서울은 어떤 얼굴을 하고 있는가?
내가 기억하고 싶은 서울은 어디인가?

언젠가 이 기록들이 또 다른 누군가에게 서울을 바라보는 창이 되고, 더 나아가 우리 사회를 대하는 방식을 바꾸는 시작이 되기를 바랍니다.

Prologue — What's the Layer?

1. Place — Seoul Station  — Green Makes City  — Sustainable Sung-Su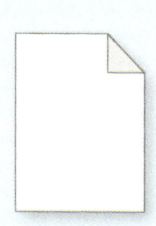

2. Work — Vegan & Zero Waste  — We will make a better tomorrow  — [interview] A Young Artist

3. Folk — Seoul Chronotope  — Backstreet Stories  — Leap for a Bigger Dream

Epilogue — [interview] Seoul and Local — [Thoughts] Behind the Layers

[Special] Node : Edge

...arten

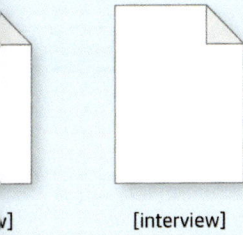

[interview]
A One-man
Media Entrepreneur

Place 장소

서울역, [　　　]를 잇다	016
지속가능을 위한 성수동	025
초록이 도시를 살린다	034
interview 공덕동 식물 유치원	044

서울의 장소를 논할 때 빠질 수 없는 장소. 바로 서울역이다.
일제강점기인 1900년부터 '경성역'이라는 이름으로 시작된
서울역의 역사는 현재까지도 많은 이들이 오가며 교류의 아이콘이 되었다.

이로써 오늘날의 서울역은
단순히 대한민국의 수도인 서울을 대표하는 기차역보다
많은 역할을 하고 있다.

서울역,
[   ]를 잇다

에디터 서효원

서울역, [지역]을 잇다

서울역의 시작과 가장 큰 역할은 본질인 '기차역'에 있다. 당시로는 쉽게 볼 수 없는 르네상스식으로 지어진 건물. 당시에는 없었지만, 장거리 기차 여행하면 바로 떠오르는 KTX부터 GTX, 무궁화, 새마을호. 그리고 대한민국에서 가장 오래되고 긴 1호선을 포함해 4호선, 공항철도, 경의중앙선까지 다양한 열차가 사람과 물자를 나르고 있다.

최근에는 대전의 명물 '성심당' 빵을 KTX 특송을 통해 대전에 가지 않아도 서울역에서 받을 수 있는 혁신적인 물자 이동도 이루어지고 있다. 과거에는 도시화와 수도권 집중 현상으로 인해 많은 사람들과 물자가 서울역을 이용하며 '민족 대이동'의 대명사가 되었지만, 지금은 앞서 언급한 '빵 택배'처럼 일상의 작은 이동까지도 포용하는 유연한 연결 지점으로 변화하고 있다.

문화역 서울 284
(서울특별시 중구 통일로 1 문화역서울284)

숫자 284는 국유문화재(사적 제284호)인
서울역의 사적 번호에서 따온 숫자이다.

서울역,
[시간]을 잇다

서울역의 구 역사는 2004년 폐쇄된 후 2년간의 복원을 거쳐, 2011년 복합문화공간 '문화역서울284'로 새롭게 단장되었다. 기존의 용도로 사용되고 있지는 않지만, 그 보다 더 의미있는 서울 시민들에게 필요한 역할을 부여받게 되었다. 새롭게 태어난 서울역은 주기적으로 다양한 전시, 공연 등의 문화 행사와 함께 공간 투어를 통해 서울역의 시간 레이어를 쌓아가고 있다.

방문 시기에 따라 다양한 전시와 문화 행사를 경험할 수 있지만, 그 속에서도 변하지 않는 것은 옛 서울역의 모습을 간직한 공간 구조다. 경복궁, 창덕궁과 같은 고궁과는 다른 느낌의 쨍한 색감을 가진 서양 건축물 내부를 보는 듯 했다. 높은 층고와 서양식 패턴의 벽지, 바닥, 천장 마감재는 당시 대한제국이 얼마나 빠르게 근대화되고 있었는지를 보여준다. 2층 구조로 이루어진 문화역서울284는 좌석 등급에 따라 나뉘었던 대합실, 우리나라 최초의 서양식 레스토랑 '그릴', 수하물 취급소, 미군이 사용했던 RTO*와 TMO** 등 다양한 공간들이 문화공간으로 재탄생해 과거 서울역의 역사와 현대 미술을 동시에 경험할 수 있게 한다.

*RTO : Railroad Transportation Office의 약자로, 과거에는 미군장병안내소로 이용
**TMO : Transportation Movement Office의 약자로, 과거에는 여행 장병 안내소로 이용

문화역서울284는 모든 관람객이 문화예술을 경험할 수 있도록 노력하고 있다. 휠체어 2개, 유아차 3개를 구비하고 있으며, 이용이 필요할 경우 입구에서 문의하면 된다.

서울역, [사회]를 잇다

서울역은 단순한 기차역을 넘어, 세대 간 기억과 경험이 축적된 근현대사의 상징적인 장소이다. 사이토 총독 암살미수 사건(1919), 서울역 회군(5.15 서울역 시위, 1980), 6.26 국민평화대행진(1987) 등 굵직한 근현대사의 사건들의 현장이 바로 서울역이었다. 그렇기에 서울역은 독립운동이자, 민주주의, 올곧은 신념 표현의 장이다.

연상호 감독의 영화 '서울역'에는 현대적인 시점에서 바라 본 서울역의 모습이 잘 담겨져 있다. 긍정의 의미가 아니다. 오늘날의 서울역은 긴장감과 불안을 제공하기도 하기 때문이다. 이 영화는 전국적으로 히트를 친 좀비 영화 '부산행'의 프리퀄 애니메이션이다. 이 영화에서는 '홈리스', 쉬운 말로 노숙자가 사건의 발단이 된다. 다시 말해, 불행의 시작이 서울역에서, 그리고 서울역에서 지내던 노숙자에게서 시작되었다는 것이다.

다시서기종합센터에 따르면, 서울시내 노숙인 숫자는 2020년 이후 감소세지만 서울역 일대의 노숙인은 늘고 있다고 한다. 다양한 사유로 서울역에 내몰린 사람들은 90명, 그리고 바로 길건너 쪽방촌에는 827명의 주민이 생활을 하고 있다. 이들 모두는 다양한 사연을 안고 서울역 주변으로 밀려난 도시의 취약계층이다. 빠르게 순환되는 서울 한복판에서 이들은 사회의 속도에 편입되지 못한 채, 서울역이라는 경계 공간에 정착하게 된 것이다. 서울역은 그렇게 누군가에겐 지나치는 장소지만, 누군가에겐 마지막 정착지이자 쉼터가 되어버렸다.

또 하나의 다른 서울역의 모습이 있다. 바로 서울역 광장에서 이루어지는 시위이다. 하루에 20개 정도의 단체, 1,000명의 사람들이 서울역에서 시위를 한다. 많은 유동인구가 몰리는 공간인 만큼 시위 장소로 적합하다고 볼 수 있으나 다소 격양된 표현과 모습들은 서울역 이용자들에게 긴장과 불안을 줄 수 밖에 없다. 나조차도 시위 현장을 불가피하게 지나가야할 때 그들을 쳐다보지 않고 목적지를 향해 빠르게 걸어가는 것이 일상이 되었다.

서울역 광장을 쾌적하게 사용하기 위한 서울시와 의회의 노력도 없었던 것은 아니나 '시위'는 집회 및 시위에 관한 법률(집시법)에 의거하여 당연한 대한민국 국민의 권리이다. 서울역 광장은 그렇게 늘 누군가의 목소리로 가득하다. 그 많은 사람들이 한 자리에 모여 그들이 생각하는 '옳은' 목소리를 높이는 풍경은 지켜보며 서로 다른 '옳음'이 충돌하는 장면은 때때로 아이러니하게 느껴진다. 이것은 우리가 여전히 크고 작은 갈등 속에 살고 있음을 실감하게 만든다. 서울역은 그렇게 오늘도 수많은 삶과 의견이 교차하며, 사회의 이면을 비추는 무대가 되고 있다.

서울역은 단순한 기차역을 넘어, 서울이라는 도시의 과거와 현재, 이상과 현실이 교차하는 상징적인 공간이다. 사람과 물자의 흐름을 통해 지역을 잇고, 시간을 잇고, 사회를 잇는다.

누군가에게는 출발점이자 누군가에게는 마지막 정착지가 되는 이 장소는, 각기 다른 존재들의 발걸음이 오늘도 쉼 없이 움직이고 있다.

출처
p. 14, 문화역 서울 284
P. 16, 문화역 서울 284
p. 21, 서울 2019 도시형태와 경관, 서울특별시

서울역을 바라본다는 것은
어쩌면 우리가 살아가는 도시,
그리고 사회의 단면을
들여다보는 것일지도 모른다.

Social Value Connect의 약자인 **SOVAC**은 2019년부터 시작된 사회적 가치를 추구하는 사람들이 한자리에 모여서 사회적 가치에 대해 이야기하는 만남의 장이다

유튜브를 통해 지금까지 진행했던 자리들을 쉽게 만나볼 수 있다

지속가능을 위한 성수동

에디터 서효원

지속가능한 도시 발전을 위해서는
스몰 비즈니스를 보호하고 육성하는 정책과 더불어,
도시의 정체성을 지키면서도 새로운 변화를 수용하는
유연한 접근 방식이 중요합니다.
-2023 SOVAC '지속가능발전을 위해 도시가 담아야 할 것' 中

2023년 여름, 예비사회적기업에서 일할 때 대표님의 제안으로 SOVAC 행사에 참가하게 되었다. 이때 가장 인상깊었던 세션이 바로 '지속가능발전을 위해 도시가 담아야 할 것'이었다.

이후 성수동을 걸을 때면 '지속가능성'이라는 키워드가 생각났다. 낡은 공장 건물과 새로 들어선 카페, 오래된 간판과 세련된 브랜드 매장이 공존하는 그 풍경 속에서.

도시재생의 성공적인 사례로 손 꼽히는 성수동에서는 서울이 오래 살아남을 수 있는 방법을 찾을 수 있을 것 같다.

성수동과 붉은 벽돌

성수동은 대표적으로 유명한 수제화와 함께 인쇄소 등의 제조업의 역사를 고스란히 담고 있다. 사실 2010년대까지만 해도 이러한 '제조업의 성수동'이 성수동의 대표적인 모습이었다. 이미 많은 사람들이 스마트폰을 들고 다니던, 지금 초등학교를 재학 중인 학생들이 걷기 시작할 때쯤인 그리 멀지 않은 시절의 이야기라는 것이다.

서울의 동쪽, 한강과 맞닿은 성수동은 불과 10여 년 전까지만 해도 낡은 공장지대였다. 그러나 지금 성수동은 세계 여행 매거진 '타임아웃'이 선정한 '세계에서 가장 멋진 동네 4위'라는 타이틀을 얻으며 서울의 대표 문화 거점으로 떠올랐다. 한국의 브루클린이라 불리며 현시점에서 대한민국의 가장 새로운 시도를 만나볼 수 있는 곳.

어떻게 낡은 이미지를 품고 있던 이 동네가 글로벌한 주목을 받는 곳이 될 수 있었을까.

개발을 위해 기존의 건물들을 밀어내고 고층 아파트를 짓기 시작한 다른 지역들과 달리 공장이 많아서 현재까지 재개발하기에는 많은 어려움이 있다. 앞서 이야기했던 것처럼 회색빛 빌딩이 가득한 서울에서 제조업 위주로 돌아가는 성수동의 모습은 흔하게 볼 수 있는 서울의 모습은 아니었다. 동전의 양면이라는 이야기가 있듯 이렇게 보면 단점만 있는 것 같은 '오래된' 느낌만 강하던 성수동은 이것을 장점으로 만들었다.

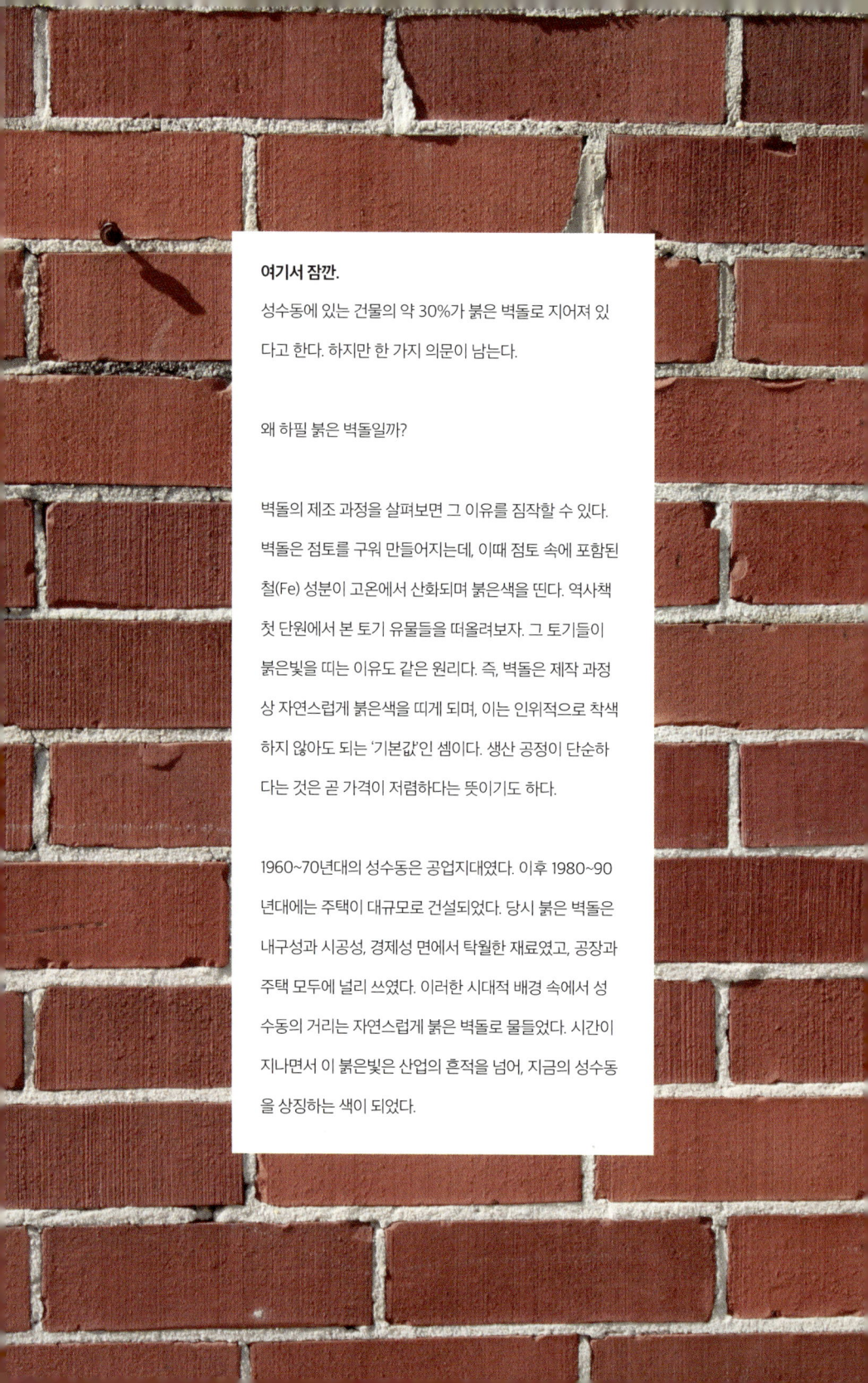

여기서 잠깐.

성수동에 있는 건물의 약 30%가 붉은 벽돌로 지어져 있다고 한다. 하지만 한 가지 의문이 남는다.

왜 하필 붉은 벽돌일까?

벽돌의 제조 과정을 살펴보면 그 이유를 짐작할 수 있다. 벽돌은 점토를 구워 만들어지는데, 이때 점토 속에 포함된 철(Fe) 성분이 고온에서 산화되며 붉은색을 띤다. 역사책 첫 단원에서 본 토기 유물들을 떠올려보자. 그 토기들이 붉은빛을 띠는 이유도 같은 원리다. 즉, 벽돌은 제작 과정상 자연스럽게 붉은색을 띠게 되며, 이는 인위적으로 착색하지 않아도 되는 '기본값'인 셈이다. 생산 공정이 단순하다는 것은 곧 가격이 저렴하다는 뜻이기도 하다.

1960~70년대의 성수동은 공업지대였다. 이후 1980~90년대에는 주택이 대규모로 건설되었다. 당시 붉은 벽돌은 내구성과 시공성, 경제성 면에서 탁월한 재료였고, 공장과 주택 모두에 널리 쓰였다. 이러한 시대적 배경 속에서 성수동의 거리는 자연스럽게 붉은 벽돌로 물들었다. 시간이 지나면서 이 붉은빛은 산업의 흔적을 넘어, 지금의 성수동을 상징하는 색이 되었다.

서울의 여느 동네처럼 이 붉은 벽돌의 오래된 건물을 없애고 높은 고층 아파트를 만들려던 흐름은 성수동에도 있었다. 하지만, '낙후된' 수식어를 없애기 위한 새로운 시도가 등장한다.

성동구는 2017년 「붉은 벽돌 건축물 보전 및 지원 조례」를 제정해 건물 소유주에게 리모델링 지원금, 용적률 완화, 보존 인센티브를 제공했다.

이 조례는 건축물 고유의 아름다움과 공간 환경 등이 주변과 어우러져 특색 있는 지역경관을 형성하기 위하여 역사 문화적으로 보존 가치가 있는 붉은벽돌 건축물의 보전 및 지원에 필요한 사항을 규정함을 목적으로 한다.

- 서울특별시 성동구 붉은벽돌 건축물 보전 및 지원 조례

덕분에 아파트를 올리는 흐름에 브레이크를 걸고, 붉은 벽돌 건물을 살려 문화공간·상업 공간으로 재탄생시키는 흐름이 본격화되었다. 결과적으로, '낡음'으로 치부되던 벽돌 건물이 사람들을 끌어들이는 브랜드 자산으로 바뀌었다. 덕분에 오늘날 성수동을 검색하면 가장 먼저 붉은 벽돌 풍경이 등장한다. 이는 단순한 미관 이상의 의미다. 도시가 가진 기억을 지켜내는 동시에, 새로운 창작자들이 그 위에서 실험할 수 있는 토대가 되기 때문이다.

사람들은 낡음을 '특별함'으로 받아들였다. 오래된 붉은 벽돌 벽 앞에서, 혹은 철공소 간판 옆에서 사진을 찍는 행위 자체가 성수동을 즐기는 방법이 되었다. 이는 도시 재생이 단순히 새로 짓는 것이 아니라, 오래된 것의 가치를 재발견하는 과정임을 보여준다.

성수동의 작은 주체들 그리고 팝업 스토어

그러나 도시가 주목을 받으면 어김없이 등장하는 문제가 있다. 바로 *젠트리피케이션이다. 이러한 임대료 상승으로 초기 창작자와 소상공인이 쫓겨나는 현상은 세계 모든 도시가 겪는 숙제다. 성수동 역시 예외가 아니었다.

2010년대 중반, 성수동에 들어온 젊은 예술가들과 소셜벤처들은 임대료 급등으로 또 다른 이주를 걱정했다. 이에 성동구는 임차인을 보호하기 위한 상생 협약을 추진했고, 나아가 상가임대차보호법 개정 논의에도 영향을 미쳤다. 임대료 인상률을 제한하고 계약 기간을 보장하는 제도적 장치가 마련된 것이다.

이는 성수동이 단순히 '뜨는 동네'로 끝나지 않고, 지속 가능한 지역으로 나아가기 위한, 성수동만의 매력을 살리기 위한 최소한의 안전망이 되었다.

성수동의 매력은 대형 자본이 아니라 작은 가게들에서 나온다. 카페, 공방, 독립 서점, 소규모 전시 공간이 모여 골목을 채운다. 이 작은 비즈니스들은 대체 불가능한 이야기를 담고 있기에 방문객에게 특별한 경험을 제공한다. 결국 지속 가능한 성수동의 미래는, 얼마나 많은 작은 주체들이 오래 버틸 수 있는가에 달려 있다.

*도심 인근의 낙후지역이 활성화되면서 외부인과 돈이 유입되고, 임대료 상승 등으로 원주민이 밀려나는 현상

그러나 최근 성수동에도 상업적인 팝업스토어가 급증하면서 동네 고유의 결이 흐려진다는 지적이 나온다. 성수동은 사실 이미 팝업스토어의 메카가 되었다.

매번 새롭고 운영 기간이 짧다는 특성은 사람들을 불러 모으기엔 충분했다. 하지만, 이 짧은 수명은 성수동이 쌓아온 '지속 가능한 동네'라는 이미지와는 쉽게 맞닿지 않는다. 빠르게 설치되고 사라지는 임시의 팝업 스토어는 순간적인 화제성을 남길 뿐, 성수동이 품어야 할 긴 호흡의 정체성을 담아내기에는 부족하다.

브랜드 입장에서 팝업스토어는 더 이상 선택이 아닌 필수가 되었다. 그러나 운영 기간이 짧다 보니 한 자리에서 몇 달 사이에도 여러 브랜드가 순환하며 들어섰고, 그만큼 많은 설치물과 폐기물이 배출된다. 대부분 맞춤형으로 제작된 구조물과 소재들은 재활용이 어려워 곧바로 버려지기 일쑤다. 실제로 성수동이 처한 현황을 확인해 볼 수 있다. 환경부의 「제6차 전국폐기물통계」에 따르면 성동구 사업장 폐기물의 하루 발생량은 불과 5년 만에 10배 이상 증가했다. 골목마다 화려하게 들어섰다가 사라지는 팝업스토어의 흔적은 결국 쓰레기 더미로 남으며, 성수동이 지켜온 '지속가능성'이라는 이름값을 스스로 위협하고 있다.

지속 가능한 도시의 조건

성수동 사례는 우리에게 중요한 질문을 던진다. 도시의 매력은 어디에서 오는가? 화려한 신축 건물이나 대형 자본의 투자에서 오는 것이 아니라, 그 지역만이 가지고 있는 대체 불가능한 이야기들, 사람들이 만들어내는 것이다.

성수동은 단순한 '핫플'이 아니다. 지속가능한 도시가 되려면 무엇을 지켜야 하고, 무엇을 새롭게 바꿔야 하는지 보여주는 교본이다. 앞으로 성수동이 어떤 선택을 할지는 미정이다. 다만 분명한 건, 제2의 성수동은 단순한 재개발이나 화려한 트렌드로는 태어나지 않는다는 사실이다.

Toward a Sustainable Seongsu-dong

지속 가능한 도시는 어떤 선택을 해야 할까?
이 질문의 답은 아마도, 우리가 어떤 도시에서 살고 싶은가에 달려 있을 것이다.

♪ 초록이 도시를 살린다 ♪

부정할 수 없는 '빨리빨리'의 민족.

그리고 대한민국에서 가장 효율을 사랑하고,
더 빠르고 더 높고 더 많은 것을 추구하는 서울.

출근길 지하철의 쏟아지는 발걸음, 빌딩 사이로 가득 찬 회색빛 풍경,
끊임없이 화려함을 자랑하는 전광판까지.

이러한 흐름 속에 우리는 본능적으로 찾게 되는 것이 있다.
우리에게는 초록이 필요하다.

에디터 서효원

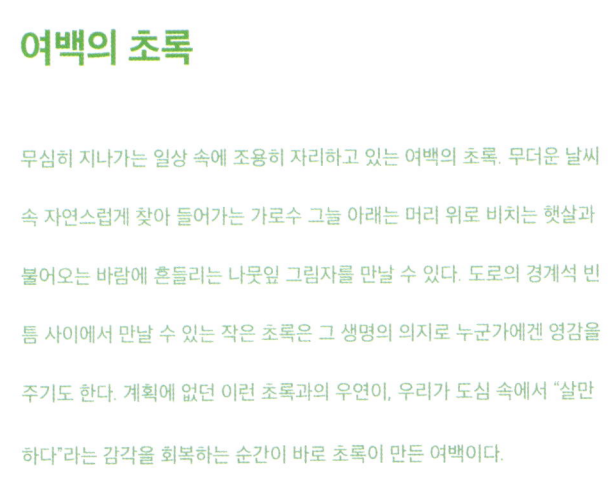

여백의 초록

무심히 지나가는 일상 속에 조용히 자리하고 있는 여백의 초록. 무더운 날씨 속 자연스럽게 찾아 들어가는 가로수 그늘 아래는 머리 위로 비치는 햇살과 불어오는 바람에 흔들리는 나뭇잎 그림자를 만날 수 있다. 도로의 경계석 빈 틈 사이에서 만날 수 있는 작은 초록은 그 생명의 의지로 누군가에겐 영감을 주기도 한다. 계획에 없던 이런 초록과의 우연이, 우리가 도심 속에서 "살만하다"라는 감각을 회복하는 순간이 바로 초록이 만든 여백이다.

열정의 초록

많은 사람들이 열광하는 경기장의 초록은 도시에서 강렬한 에너지를 담고 있다. 야구장의 넓은 잔디 필드 위에서 함성을 터뜨리는 순간, 축구장에서 수천 명의 관중이 초록 위 열정에 맞춰 숨을 참는 순간, 그 공간의 초록은 단순한 배경이 아니라 사람들의 열정을 받아내는 무대가 된다.

서울 곳곳의 초록 위에서 운동을 하고, 서로를 응원하는 경험은 우리에게 도시에 여전히 살아 있는 맥박이 있음을 알려준다. 초록을 배경으로 '함께 살아 있음'을 확인한다.

흐름의 초록

굳이 언어로 표현하지 않아도 자연히 알게 되는 초록의 순환은 시간의 흐름을 알려준다. 계절이 피고 지는 사이, 작은 새싹에서 결실을 맺는 사이, 초록의 흐름은 지나간 시간을 추억하거나 영원하길 바라거나 상상하게 한다.

한여름의 싱그러운 녹음과 초겨울의 시리도록 떨고 있는 맨 가지가 같은 자리를 번갈아 채우는 걸 볼 때, 서울의 시간이 흐르고 있을 느낄 수 있다.

기반의 초록

해가 뜨기도 이른 새벽, 커다란 건물 앞으로 트럭들이 모여든다.
곧 서울 곳곳에 퍼져갈 이 초록들은 누군가의 애정 어린 응원이 되고,
또 다른 이들의 버팀목이 된다.

무수히 흘린 땀으로 만들어진 신선한 초록은
도시인의 삶을 지탱하는 기반이 된다.

시장과 가정, 식탁으로 이어지는 이 초록 흐름은 우리가 무심히 소비하는
초록에 깃든 수많은 손길과 시간을 떠올리게 한다.

상 (象) - 정원에 투영된 '나'를 통해 자연을 마주하다

내가 직접 기획부터 설계, 시공까지 했던 단언컨대 세계에서 가장 좋아하는 녹색 공간이다.
그리고 이 사진들은 이 곳에서 찍은 사진들 중 가장 좋아하고 보람을 느끼는 사진들이다.

연결의 초록

같은 곳에 닿는 초록을 바라보고 있기만 해도 그 시간들은 저절로 채워진다.
초록은 그 자리에 함께 있다는 감각을 조용히 나누게 한다.

카페 구석의 작은 화분, 유독 맑은 하늘 아래 드러난 초록빛,
피크닉에서 발밑에 펼쳐진 잔디밭까지.

같은 초록을 배경으로 쌓이는 작은 장면들이 모여,
도시를 덜 낯설고 덜 삭막한 곳으로 바꿔준다.

손길의 초록

초록은 손길을 받기도, 주기도 한다. 초록이 갈색이 된 공간은 생명력을 잃고,
초록빛은 한때 관심이 가득했던 시간을 추억한다.

때로는 어두운 공간을 초록으로 비추기도 한다.
어떤 캠페인과 메시지도 하지 못한 일을 초록은 해내기도 한다.

강남역 11번 출구에는 '토끼굴'이라 불리던 담배 골목이 있었다.
이곳을 토끼 조형물과 녹색 식물로 가득한 벽으로 바꾸자,
담배꽁초도 보기 힘들어졌다.

도시는 규칙과 계획으로 움직인다. 그러나 초록은 계획되지 않으면서 규칙적이지 않다.
다만, 이를 통해 도시가 살아있음을 말해준다.

초록은 도시의 장식이 아니라, 도시에 리듬을 되돌려주는 장치이자,
사람과 사람을 다시 연결하는 매개다.

도시는 초록이 살린다.

지나치면서 흘끗 쳐다보면,
모든 것에 우연히도 기적적으로
아름다움이 흩뿌려져 있다

버지니아 울프

출처
p. 40, 강남구

interview
공덕동 식물유치원

서울 재개발 구역에서 버려진 식물을 구조해

시민과 나누는 활동을 이어가는 '공덕동 식물유치원'

버려진 식물에 새 생명을 불어넣으며, 도시 속에서 생명과 돌봄의 가치를 일깨운다.

그녀의 시선은 우리가 무심히 지나치는 초록의 가능성을 다시 바라보게 한다.

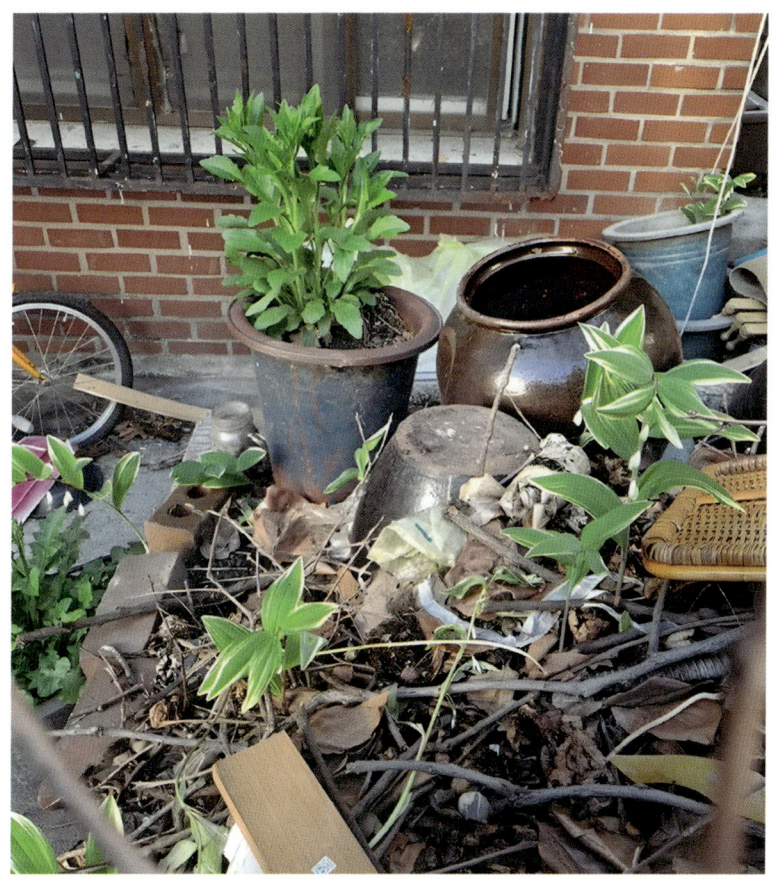

Q. 안녕하세요. '공덕동 식물유치원'을 소개해 주실 수 있을까요?

안녕하세요, 저는 서울 재개발 구역에서 버려진 식물을 구조해 시민들과 나누는 활동을 하고 있는 백수혜입니다.

2021년 공덕동으로 이사 오면서 바로 앞에서 재개발 공사가 시작되는 것을 보게 되었는데, 그 과정에서 버려진 화분과 뿌리째 뽑힌 식물들을 많이 발견했습니다. 안타까운 마음에 몇몇을 데려와 키우기 시작한 것이 지금의 '공덕동 식물유치원'으로 이어졌습니다.

**Q. 재개발 단지 속 버려진 물건들 사이에서
특히 식물에 눈이 가게 된 계기가 있으실까요?**

쓰레기 더미 속에서도 초록빛은 유독 눈에 잘 들어옵니다. 검정 비닐 봉지와 회색 콘크리트 사이에서 생명의 색은 더욱 선명하게 다가왔습니다. 지저분한 환경 속에서도 꿋꿋하게 제 역할을 다하는 식물들의 모습에서 큰 울림을 받았습니다.

**Q. 재개발 단지에서 식물을 구조하고 계시는데,
서울의 발전과 변화 속에서 사라지는 것들을 마주하며
어떤 생각을 하셨는지 궁금합니다.**

도시 발전에는 분명 필요와 효용이 있겠지만, 그 과정에서 여전히 쓸모 있는 것들이 너무 쉽게 버려진다는 점이 늘 아쉽습니다. 물건뿐만 아니라 식물도 누군가에게는 여전히 소중한 존재가 될 수 있다는 걸 알게 되었고, '조금만 더 오래 쓰고, 나누고, 함께 돌보면 어떨까' 하는 생각이 제 활동의 바탕이 되었습니다.

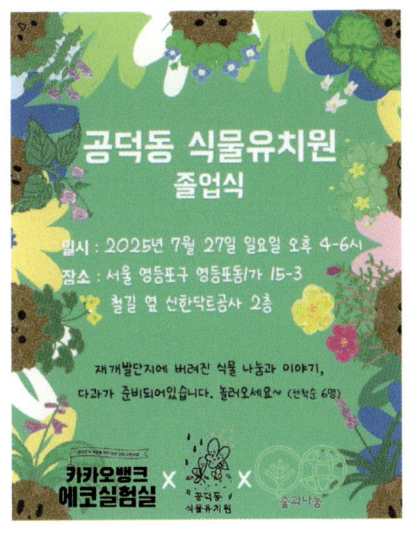 

Q. 구조한 식물들에게 '졸업식'을 열어주신다고 들었는데, 특별히 기억에 남는 순간이 있다면 공유해 주실 수 있을까요?

졸업식은 저희 집에서 충분히 회복한 식물을 시민들에게 입양 보내는 자리입니다. 많은 분들이 식물을 죽일까 두려워하지만, 사실 버려져도 혼자 살아남은 식물들은 강한 생명력을 지니고 있습니다. 입양 후 꽃을 피웠다는 소식을 들을 때마다 큰 보람을 느낍니다. 특히 개고사리를 입양해 간 한 청년의 어머니가 "그건 산에 흔한 풀인데 혹시 돈주고 사왔냐"고 하셨다는 이야기를 듣고 웃었던 기억이 있습니다. 사람마다 식물을 바라보는 시선이 이렇게 다르다고 느꼈습니다.

Q. 집에서 누구나 쉽게 해볼 수 있는 '유기 식물 돌보기' 기본 팁을 알려주실 수 있을까요?

식물 돌보기의 핵심은 '관찰'입니다. 억지로 무언가를 하기보다, 처음 데려왔을 때 사진을 찍어두고 이후 변화와 비교해 보면 좋습니다. 잎이 축 늘어진 게 물 부족인지, 계절 변화인지 쉽게 알 수 있습니다. 또 화분 위에서 물을 붓는 대신, 아래 받침 그릇에 물을 채워 흙이 스스로 빨아들이게 하는 저면관수를 추천합니다. 물 주기에 자신 없는 초보자도 쉽게 활용할 수 있습니다. 또한 온라인 혹은 오프라인에도 도움을 받을 수 있는 곳이 많으니, 주변에 물어보는 것을 주저하지 마시라고 추천드립니다.

**Q. 그동안 가장 많이 구조한 식물은 어떤 종류인가요?
유독 기억에 남는 식물이 있다면 소개해 주실 수 있을까요?**

가장 많이 구조한 식물은 여름에 보랏빛 꽃을 피우는 '비비추'입니다. 정원이나 길가에서 흔히 볼 수 있지만, 동네 화원에서는 잘 팔지 않는 식물이죠. 첫해 겨울, 잎이 모두 떨어져 죽은 줄 알았는데 뿌리가 살아 있어 봄에 다시 싹을 틔웠습니다. 그 경험을 통해 눈에 보이지 않는 부분의 생명력, '보이는 게 전부가 아니다'라는 사실을 깊이 깨달았습니다.

Q. 서울이라는 도시에서 식물의 역할과 의미는 무엇이라고 보시나요?

도시의 식물은 지친 일상 속 작은 쉼표 같은 존재라고 생각합니다. 꼭 공원이나 정원이 아니더라도 아스팔트 틈새에서도 자라며, 우리가 자연을 완전히 떠나지 않았음을 보여줍니다. 또한 경관을 아름답게 할 뿐 아니라, 도시의 열기를 식혀주고 오염된 환경 속에서도 꿋꿋하게 버텨주는 고마운 친구들입니다.

Q. 버려진 식물을 돌보면서 삶이나 가치관에 변화가 있었나요?

저는 늘 무언가를 꾸준히 이어가는 게 어렵다고 생각했는데, 식물을 보며 '꾸준함'의 가치를 다시 배우게 되었습니다. 어떤 환경에서도 불평하기보다 자신에게 맞는 자리와 방식을 찾아내는 식물처럼, 저도 삶을 더 끈기 있고 긍정적으로 대하려 노력하게 되었습니다.

Q. 식물이 단순한 경관 구성 요소를 넘어 서울의 '지속가능성'과 연결되려면 어떤 조건이 필요하다고 보시나요?

무엇보다 식물을 단순한 장식품이 아니라 하나의 생명으로 바라보는 인식이 필요합니다. 꽃이 피었을 때만 소비하고, 꽃이 지면 뽑아내는 행정과 문화는 이제 달라져야 합니다. 도시 속 식물의 생애 전체를 존중하는 태도가 지속가능성을 위한 출발점이라고 생각합니다. 사서 심는 것이 전부가 아닌 '돌봄' 또한 필요한 일로 지속가능성을 엿볼 수 있기를 바랍니다.

Q. '공덕동 식물유치원'을 통해 전달하고 싶은 메시지가 있다면 부탁드리겠습니다.

결국 중요한 건 사람입니다. 하지만 사람이 다른 생명과 함께 살아갈 수 있는 너른 마음을 가질 때 도시도 더 따뜻하고 지속 가능한 공간이 됩니다.

저는 '공덕동 식물유치원'을 통해 버려진 식물들이 다시 살아나는 모습을 보여주면서, 우리 사회가 생명을 바라보는 시선을 조금이라도 바꿀 수 있기를 바랍니다.

Work 생산

비건 한 그릇, 제로 웨이스트 한 걸음   054
함께, 더 나은 내일을 만드는 우리들   073
interview 청년 예술가, 안효명   086
NODE : EDGE - 서울의 중심과 경계   094
interview 로컬브랜드 성북동길
     중세스튜디오 뉴기믹   100
     마미공방   108
     스테인드글라스 공방 하늘빛아뜰리에   116
     정유정 도예작업실   122

비건 한 그릇, 제로 웨이스트 한 걸음

에디터 윤혜령

도심 곳곳의 공간에는 각기 다른 철학과 이야기가 담겨 있다.

누군가는 환경을 위해, 또 누군가는 동물과의 공존을 위해
시작한 작은 공간들이 모여 거대한 흐름을 만들어낸다.

서울을 걸으며 마주한 이 다채로운 공간들은 결국,
우리가 어떻게 더 나은 내일을 설계할 수 있는지를 말해주고 있다.

이에 그 가능성을 더 깊이 탐구하기 위해,
서울의 비건 카페와 제로웨이스트 숍을 직접
발걸음으로 기록하고자 한다.

호텔 카푸치노

위치 : 서울특별시 강남구 봉은사로 155
번호 : 02-2038-9501
사이트 : https://hotelcappuccino.co.kr

호텔 카푸치노는 단순한 '숙소'가 아니다. 서울 강남 한복판에서 이곳이 제안하는 것은 한 박자 느린 감각의 전환, 그리고 숙박이라는 일상의 소비가 사회적 가치로 전환될 수 있다는 실질적인 모델이다. 이 호텔은 국내 최초의 *CSV(Creating Shared Value), 공유가치 창출 호텔로, '나의 작은 소비가 세상을 바꾼다'라는 철학 아래 다양한 지속 가능 활동을 실천하고 있다.

*기업이 수익 창출 이후에 사회 공헌 활동을 하는 것이 아니라 기업 활동 자체가 사회적 가치를 창출하면서 동시에 경제적 수익을 추구할 수 있는 방향으로 이루어지는 행위

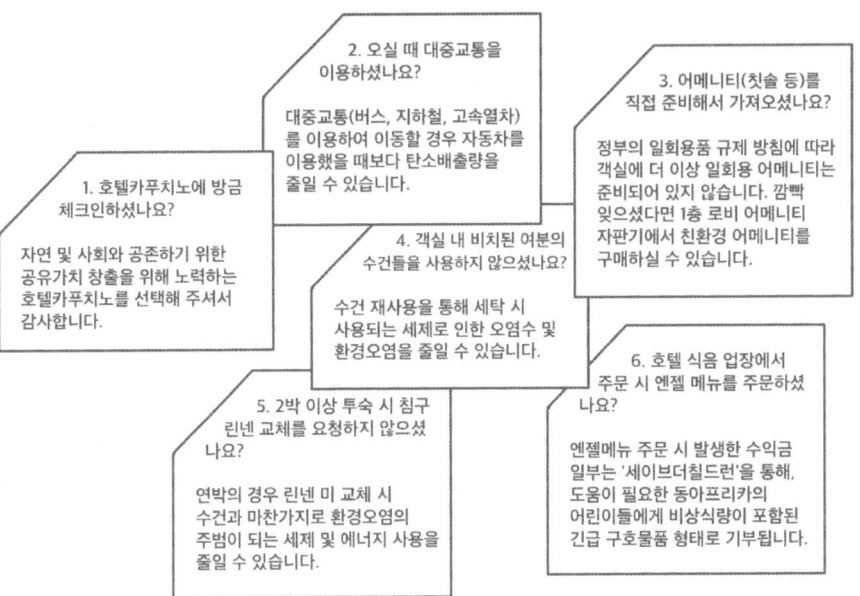

그중에서도 개인적으로 가장 매력적으로 느껴졌던 프로그램은 '엔젤 코인 (Angel Coin)'이다. 투숙객은 체크인 시 팜플렛을 받고, 지구를 위한 미션을 완수한 만큼 호텔 전용 코인을 받는다. 이 코인으로 호텔의 상품 구매 혹은 기부도 가능하다. 이는 단순한 기념품이 아니라, 호텔이 큐레이션한 사회 문제 중 하나에 '기부'할 수 있는 실천의 기회다. 유기 동물 보호, 저소득층 아동 지원, 친환경 활동 등 다양한 선택지가 주어지고, 이 기부는 호텔 수익의 일부와 함께 실제 단체에 전달된다. '잘 자는 일'이 '더 나은 삶'을 위한 연결고리가 되는 셈이다.

이러한 가치 중심의 운영은 객실 안에서도 드러난다. 프리사이클(Pre-cycle) 이라는 콘셉트 아래, 호텔은 '필요하지 않은 소비 자체를 줄이는 디자인'을 실현하고 있다. 종이 안내서는 QR 코드로 대체되고, 어메니티는 리필형으로 제공되며, 일회용품은 최소화되었다. 객실 내 커피와 생수도 다회용기로 제공되며, 수건 교체 여부는 투숙객이 스스로 선택할 수 있다.

또한, 호텔 카푸치노의 바크룸은 반려견과의 동반 투숙이 가능한 객실로, 반려견 웰컴 기프트와 전용 룸서비스를 제공하는 것이 특징이다. 반려견을 위한 배려와 예술적 감각이 공존하는 이 공간은, 단순한 '펫 프렌들리'를 넘어, 지속 가능한 일상의 방식에 대해 다시 생각하게 한다.

카푸치노의 환경을 넘어, 감각적이고 의미 있는 숙박을 제안하는 방식으로 '아트스테이(Art Stay)'가 더해진다. 몰입형 아트 플랫폼 'DIVE IN'과의 협업을 통해 운영되는 이 객실 시리즈는, 호텔의 공공성과 예술의 사적인 세계가 맞닿는 접점이다.

예를 들어, 작가 이예림의 객실은 선 드로잉 기법을 활용한 회화 작품이 객실 전체를 감싼다. 예술과 함께 밤을 보내고 아침을 맞는 경험은 '단순한 숙박'을 넘어선 감각적 휴식의 제안이다. 작가 김보민의 방은 이상 세계를 모티브로 구성되어, 도시의 중심에서 잠시 현실을 비워낼 수 있는 시간을 제공한다. 이 예술 경험은 호텔이 전달하려는 지속가능성의 메시지를 정서적으로 확장한다. 호텔 내 F&B 공간은 로컬 브랜드와 협업한 친환경 상품으로 구성되어 있다. 자투리 공간조차 사회적 가치를 위한 플랫폼으로 활용된다.

CAPPUCCINO HOTEL

결국 호텔 카푸치노는 '작은 선택이 더 나은 사회를 만든다'라는 신념을, 디자인과 시스템, 그리고 투숙객의 체험이라는 모든 접점에 일관되게 녹여낸다. 우리가 어떤 방에서 자고, 무엇을 소비하며, 어떤 버튼을 누르는지가 세상에 어떻게 연결될 수 있는지를 조용하지만 분명하게 말하고 있다.

지속가능한 삶은 거창한 실천이 아니라, 작고 사적인 공간에서부터 시작된다. 그리고 호텔 카푸치노는 그 시작을 누구보다 정교하게 설계한 곳이다.

출처
p. 54, 호텔 카푸치노
p. 56, 호텔 카푸치노

스왈로 베이커리 & 카페

위치 : 서울 서초구 효령로 276 203호
번호 : 02-6092-8575
사이트 : https://www.instagram.com/swallow_zerowaste.vegan

스왈로 베이커리&카페는 남부터미널 5번 출구 인근, 조용한 건물 2층에 자리한 제로웨이스트.비건 지향 공간이다. 화려한 간판 없이도 유리창 너머로 비건 디저트와 리필 스테이션이 함께 보이며, 공간 전체가 간결하고 차분한 분위기로 구성되어 있다.

카페에 들어서면 맨 처음 보이는 병뚜껑들은 모아져서 <플라스틱 베이커리>에서 멋진 오브제로 재탄생된다고 한다. 실제로 직원분께 여쭤봤을 때 병뚜껑을 가지고 오면 흔쾌히 수거해 준다는 답변을 들을 수 있었다. 이런 참여 방식은 단순한 소비를 넘어, 소비자가 가게와 연결된 느낌을 받을 수 있게끔 한다.

*스왈로(SWALLOW)는 '제비'라는 뜻이다.
제(로웨이스트) + 비(건)을 지향하는 사람들의공간이라는 뜻과 좀 더 확장해서는 철새인 제비가 돌아오듯 자연스러운 흐름의 시간표들이 회복되도록 노력하겠다는 의미가 있다고 한다.

매장에서는 식물성 재료로 만든 디저트와 음료를 판매하며, 한쪽에는 주방세제·샴푸·세탁세제 등의 생활용품을 소분해 구매할 수 있는 리필 스테이션이 마련되어 있다. 일상에서 비건과 제로 웨이스트를 시도해 볼 수 있는 비교적 실용적인 공간이다. 다회용기, 유리병, 천 가방 등 친환경 제품을 함께 판매하고 있으며, 병뚜껑·한복·소형 장난감 등 재활용할 수 있는 자원을 수거하는 캠페인도 상시 진행된다. 주방세제, 세탁세제, 샴푸, 손 세정제 등 일상생활에서 자주 사용하는 생활용품도 원하는 만큼 덜어 구매할 수 있다. 제품 옆에는 각 성분표가 안내되어 있으며, 모두 자연 유래 성분을 기반으로 한 친환경 제품이다.

무엇보다 인상 깊은 점은 이 공간이 단순히 '리필할 수 있는 곳'이 아니라, 지속 가능한 소비 방식을 직접 체험할 수 있는 실용적인 통로처럼 기능한다는 점이다. 별도의 설명 없이도 공간의 구조와 구성품이 '어떻게 덜고 담아야 하는지'를 자연스럽게 유도하고, 직원들도 필요한 설명을 친절히 도와준다.

가게 한편에는 다양한 비건 식품과 친환경 제품도 함께 진열되어 있다. 비건 혹은 슈거 프리 디저트와 식물성 고기로 만든 식품들은 식단을 조절하는 이들에게도 부담 없이 다가오고, 천연 수세미, 다회용 빨대, 고체 비누 같은 생활용품은 일상 속에서 지속 가능성을 실천할 수 있도록 돕는다. 단순한 먹거리나 굿즈를 넘어, 작지만 의미 있는 소비의 가능성을 제안하는 구성이다.

카페의 공간과 구성, 제품 하나하나에는 '지속 가능한 일상'이라는 메시지가 담겨 있다. 특별한 노력 없이도 커피를 마시고 세제를 채우는 일상적인 선택이 곧 실천이 되는 경험. 이러한 공간이 있기에 우리는 조금 덜 버리고, 조금 더 오래 쓰는 삶에 자연스럽게 닿을 수 있게 된다.

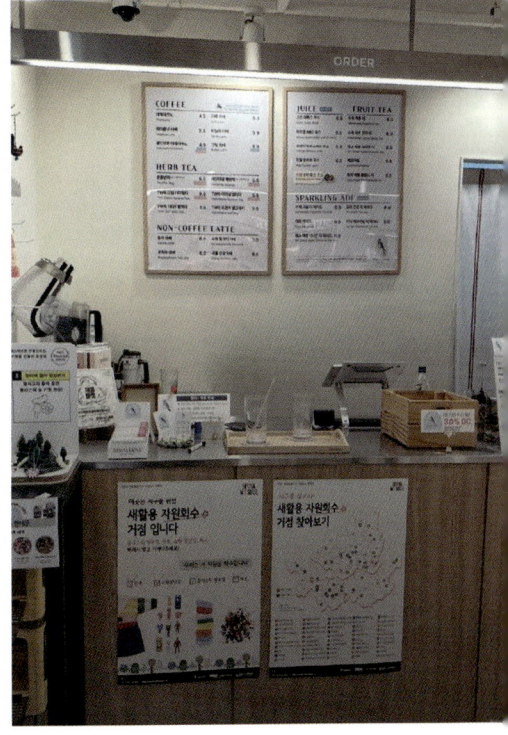

모레상점

위치 : 서울 성동구 뚝섬로1나길 5
헤이그라운드(HEYGROUND)
번호 : 070-8633-1333
사이트 : https://morestore.co.kr/

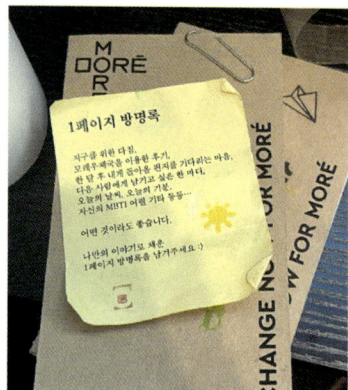

성수동 골목은 늘 새로운 발견을 안겨준다. 오래된 공장 건물 사이로 세련된 카페와 편집숍이 들어서고, 그 틈에서 예상치 못한 공간이 불쑥 모습을 드러낸다. 그중에서도 유난히 조용하지만 확실하게 존재감을 드러내는 곳이 있다. 바로 모레상점이다. '오늘'이 아닌 '모레'를 위한 상점, 짧은 단어 안에 이 공간이 전하고자 하는 메시지가 담겨 있다.

카페와 이어진 상점 안으로 들어서면 생각보다 아담한 공간이 펼쳐진다. 불과 네 평 남짓의 작은 무인 매장이지만 이곳이 전하는 이야기는 결코 작지 않다. 입구 밖에 놓인 병뚜껑 저금통부터 시작해 진열대에는 일상에서 쉽게 사용할 수 있는 친환경 제품들이 가지런히 놓여 있다.

포장 없는 제로웨이스트 비누, 재활용 원단으로 만든 업사이클링 가방, 동물 실험을 거치지 않은 비건 뷰티 제품까지. 처음엔 익숙한 물건처럼 보이지만 하나하나 살펴보면 조금 다른 점이 눈에 들어온다.

이 물건들은 '어떻게 쓰일지'보다 '어떻게 만들어졌는지'와 '다시 어떤 순환으로 이어질 수 있는지'를 중요하게 여긴 결과물들이다. 그 선택 기준이 분명하므로 소비자 역시 물건을 고르는 순간 자연스럽게 생각하게 된다.

"나는 어떤 제품을 쓰고 싶으며, 그 선택이 환경과 사회에 어떤 영향을 미칠까."

모레상점은 제품을 판매하는 데 그치지 않는다. 이곳의 수익 일부는 환경 문제 해결을 위한 기부로 이어진다. 물건 하나를 사는 일이 단순히 개인의 만족을 넘어 사회적 가치로 확장되는 것이다. 그래서 이곳에서의 소비는 곧 참여이고, 작은 실천이 된다. '착한 소비'라는 말이 다소 진부하게 느껴질 수 있지만 모레상점은 그 개념을 일상적인 경험으로 자연스럽게 풀어낸다.

성수라는 동네와도 잘 어울린다. 원래 공장지대였던 이곳은 최근 몇 년 사이 창의적이고 실험적인 문화의 중심으로 떠올랐다. 오래된 벽돌 건물과 세련된 공간이 공존하는 특유의 분위기 속에서 모레상점은 빠르게 소비하고 쉽게 버리는 시대의 흐름 속에서 잠시 속도를 늦추고 '더 오래, 더 깊이'라는 메시지를 건넨다. 그래서인지 물건을 사지 않고 잠시 둘러보는 것만으로도 묘한 울림이 남는다. 공간을 나서는 순간 나는 내 소비 습관을 떠올리게 되고, '내일의 나, 모레의 나'에게 부끄럽지 않은 선택을 하고 싶은 마음이 일어난다.

성수동을 찾는 이들에게 모레상점은 그 자체로 하나의 경험이다. 잠시 머물다 나오는 것만으로도 '나의 소비가 어떤 내일을 만들고 있는가?'라는 질문을 안겨주는, 그래서 오늘보다 오래 가는 것들을 다시 바라보게 만드는 공간. 어쩌면 우리가 필요한 건 이런 작은 공간 하나일지도 모른다. 지금은 작고 느리지만 결국 더 큰 내일을 만들어갈 상점. 바로 그런 공간이다.

목로정원

위치 : 서울 성동구 서울숲2길 47 3~4층
영업 시간 : 12:00 ~ 8:00 (매주 화 휴무)
사이트 : https://www.instagram.com/mokrojungwon

성수동 한 켠, 바쁜 골목길을 지나 3층으로 올라서면 도심 속 작은 숲 같은 공간이 나타난다. 이곳은 단순한 카페가 아니라, 환경과 지속 가능성을 고민하게 만드는 제로웨이스트 공간이다. 이름처럼 '정원'을 품은 공간, 목로정원이다. 단순히 커피를 마시는 곳이 아니라, 일상 속에서 친환경을 고민하고 실천할 수 있는 제로웨이스트 카페이다. 들어서는 순간, 도시의 소음과 분주함은 자연스레 잊혀지고, 따뜻한 햇살과 식물 향기가 맞아준다.

카페 내부는 아담하지만 세심하게 꾸며졌다. 원목 테이블과 의자가 자연스럽게 배치되어 있고, 곳곳에는 계절마다 바뀌는 화분과 작은 정원 소품이 놓여 있다. 실내의 녹색 식물들은 그저 장식이 아니라 공기 정화와 시각적 안정까지 고려된 배치이다. 천장과 벽에는 햇빛을 받아 반짝이는 잎사귀가 그림처럼 걸려 있어, 공간 전체에 생동감을 준다. 창가 바 좌석에 앉으면 부드러운 햇살과 그림자가 교차하며, 천천히 시간을 음미하게 만든다.

목로정원의 메뉴는 환경을 고려한 철학으로 가득하다. 디저트들은 모두 비건 디저트들이며, 포장재 또한 최소화되어 있고, 음료는 종이컵 대신 재사용 가능한 컵으로 제공된다. 직접 맛본 비건 초코케이크는 특히 인상적이다. 달콤함과 진한 풍미가 그대로 살아 있어, '비건이라 맛이 덜할 것'이라는 선입견을 완전히 뒤집었다.

작은 소품에도 제로웨이스트 철학이 녹아 있다. 재사용이 가능한 빨대, 휴지 대신 사용하는 수건 등 단순히 '환경을 생각한다'는 선언이 아니라, 일상 속에서 실천 가능한 행동으로 이어지도록 설계된 공간이다. 이곳에서의 선택은 소비를 넘어 지속 가능한 삶으로 연결된다.

결국 목로정원은, 제로웨이스트와 비건 철학을 담아낸 작은 실천의 장이다. 한층 높은 위치와 조용한 분위기 속에서, 방문객은 도시의 분주함을 잠시 내려놓고, 자연과 연결되는 시간을 갖게 된다. 커피 한 모금, 디저트 한 조각, 작은 소품 하나까지 의미를 담아 경험하며, '나의 선택이 내일의 환경에 어떤 영향을 미치는가'를 떠올리게 된다. 목로정원은 바로 그런 공간이다.

텀블러를 가지고 오면 음료도 할인된다. 시간이 없더라도 테이크아웃을 하며 카페 내부를 잠시 둘러보는 건 어떨까? 커피 한 모금과 식물 향기, 작은 소품들을 스쳐 지나며 오늘보다 조금 더 지속 가능한 선택을 떠올리는 경험을 할 수 있다. 목로정원은 그렇게, 일상 속 작은 실천과 여유를 함께 느낄 수 있는 공간이 되어간다.

*반려동물 동반이 되며, 운이 좋다면 목로정원의 반려묘들도 만날 수 있다. 이 날은 만날 수 없었지만, 사람을 좋아하는 고양이들이라고 하니 방문한다면 만나길 바란다.

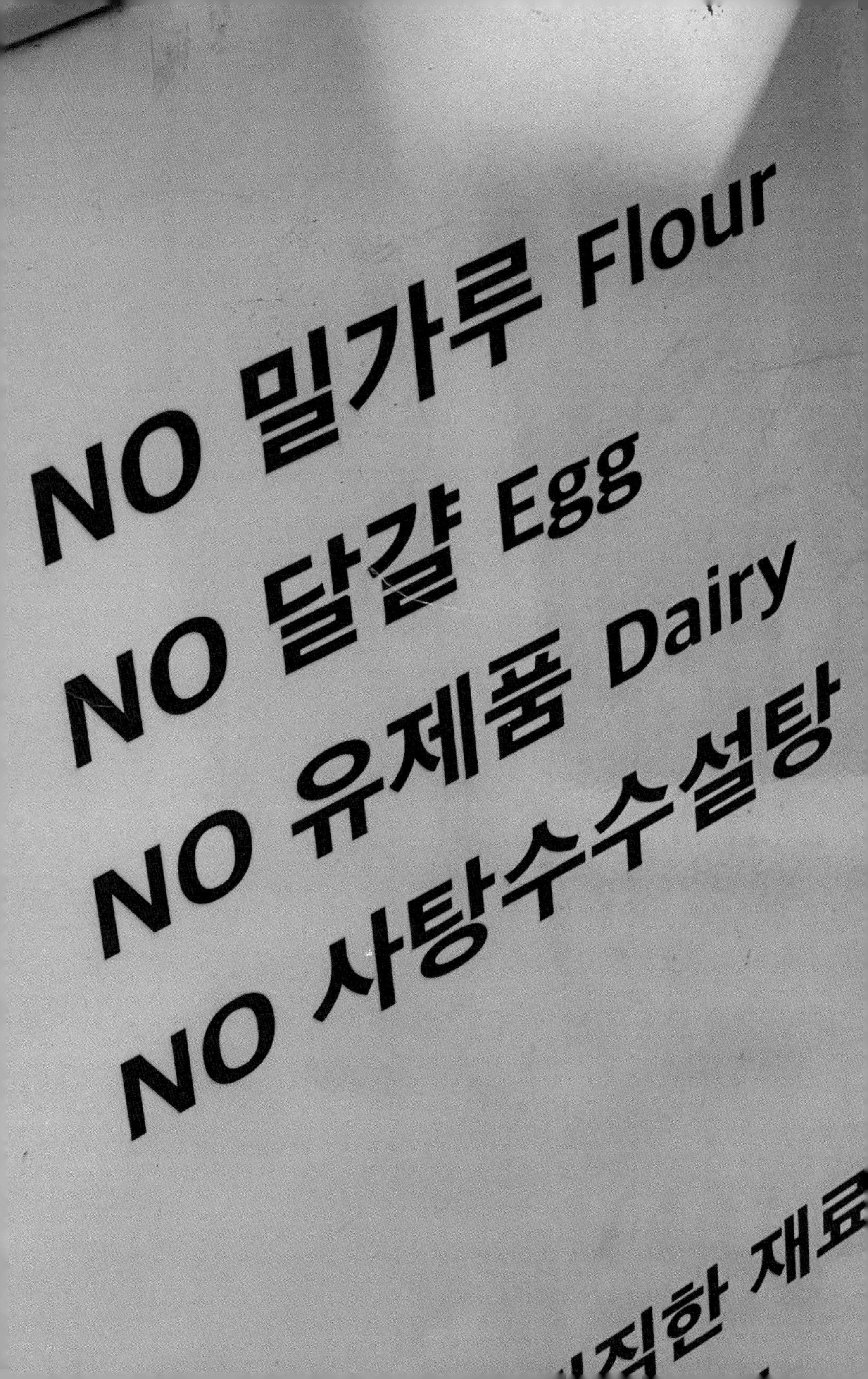

NO 밀가루 Flour
NO 달걀 Egg
NO 유제품 Dairy
NO 사탕수수설탕

직한 재료

빵어니스타

위치 : 서울 용산구 보광로55길 3 1층, 2층
영업 시간 : 12:00 ~ 20:00 (주말 12:00 ~ 21:00)
사이트 : https://smartstore.naver.com/shophonesta

이태원의 한 모퉁이, 하얀 건물이 눈길을 끈다. 간판에는 'Pan Honesta'라는 이름과 함께, 'Vegan Bakery & Cafe'라는 문구가 나란히 적혀 있다. 이름 그대로 '정직한 빵'을 만들겠다는 이곳은, 밀가루와 설탕, 달걀과 버터 같은 흔한 제과 재료 대신 쌀가루, 코코넛 슈가, 식물성 재료로만 모든 빵과 디저트를 완성한다.

이곳을 특별하게 만드는 건 메뉴 하나하나에 담긴 실험 정신이다. 귀리 우유 얼음을 곱게 갈아 만든 비건 빙수는 빵어니스타에서만 만날 수 있는 별미인데, 비건 디저트의 한계를 뛰어넘은 조합으로 많은 이들이 찾는다. 고소한 견과의 풍미와 식물성 크림의 부드러움이 어우러져, '건강한 맛'과 '즐거운 맛'이 공존할 수 있음을 증명한다.

빵어니스타는 단순히 비건 베이커리 그 이상이다. "무엇을 쓰지 않을 것인가"라는 선택이 결국은 "무엇을 지켜낼 것인가"라는 태도로 이어진다. 환경을 위한 작은 배려이자, 몸을 위한 정직한 결정. 이곳에서 디저트를 고르는 순간, 우리는 미래의 식탁을 조금 더 오래 지켜내는 선택을 하고 있는 걸지도 모른다.

바쁜 일상 속에서 틈을 내어 이태원 빵어니스타에 들러보자. 정직하게 만들어진 디저트 한 조각이, 오래도록 마음에 남는 경험이 될 것이다. 워낙 인기가 많아 오후가 되면 많은 메뉴가 금세 동이 나기도 하니, 방문을 계획한다면 조금 서두르는 게 좋다. 혹 시간이 여유롭지 않다면, 온라인을 통해 빵어니스타의 제품을 주문해 보는 건 어떨까. 우리의 식탁 위에서도 정직한 맛은 여전히 이어질 수 있다.

노노샵

위치 : 서울 용산구 보광로 90 202호

영업 시간 : 12:00 ~ 21:00 (주말 11:00 ~ 21:00)

사이트 : https://www.instagram.com/nonoshop_cafe

이태원 언덕길을 따라 2층으로 올라가면, '노노샵(Nono Shop & Cafe)' 간판이 눈에 들어온다. 이름만으로도 이곳이 지향하는 철학이 느껴진다. 플라스틱과 동물성 재료를 최소화하며, 지속 가능한 소비를 자연스럽게 체험할 수 있는 공간이다.

문을 열고 들어서면 가장 먼저 '노나조'라는 작은 코너가 손님을 맞는다. 사용하지 않는 물건을 기부하거나 필요한 물건을 가져갈 수 있는 나눔 공간으로, 방문객들은 일상 속에서 더 이상 쓰지 않는 물건을 다른 이와 나눌 수 있다. 페트병 뚜껑이나 작은 플라스틱 용기를 재활용할 수 있는 공간도 마련돼 있어, 누구나 쉽게 자원순환에 참여할 수 있다. 문을 열자마자 느껴지는 이런 배려는, 이곳이 단순한 카페나 상점이 아니라는 점을 보여준다.

카페 공간으로 들어서면 진한 커피 향과 함께 깔끔하게 정돈된 테이블이 맞이한다. 안쪽 작은 방에는 손님들이 직접 선택해 구매할 수 있는 리필 스테이션이 펼쳐져 있다. 다양한 곡물, 시리얼, 간식거리, 세제, 올리브 오일 등이 준비되어 있어 원하는 만큼 소분할 수 있다. 여기에 제공되는 다회용 병은 단순히 담는 용도를 넘어, 사용 후 가게에 돌려주면 용깃값으로 이후의 소비에서 할인받을 수 있는 친환경 시스템으로 연결된다. 작은 병 하나를 반복적으로 쓰는 경험이지만, 이러한 사소한 선택이 일상 속 환경을 돌아보는 계기가 된다.

카페 메뉴 역시 노노샵의 철학을 담고 있다. 공정무역 초콜릿을 사용한 초코라떼, 과일을 활용한 요거트 등 모든 음료와 디저트가 비건으로 제공되지만, 맛과 풍미는 충분하다. 단순히 '없는 것'을 체험하는 것이 아니라, 새로운 맛과 선택을 즐기는 경험으로 이어진다. 음료와 디저트를 즐기면서 자연스럽게 작은 습관이 지속가능성을 실천하는 길과 연결된다는 생각이 떠오른다.

노노샵은 단순히 쇼핑하거나 음료를 즐기는 공간이 아니다. 카페의 향기, 리필 스테이션에서 곡물을 담는 손길, 다회용 병과 수건을 활용하는 경험까지, 모든 요소가 일상의 소비와 환경을 돌아보게 만드는 장치처럼 설계되어 있다. 방문객은 '오늘 내가 선택한 것이 어떤 의미를 가지는지'를 곱씹게 된다.

공간 곳곳의 작은 디테일들도 눈여겨볼 만하다. 선반과 진열대, 테이블 위 제품 하나하나가 철학과 연결돼 있어, 손님들은 관찰하며 자신만의 실천을 선택할 수 있다. 누군가는 WWF(세계자연기금에 기부되는 제품을 구매하고, 누군가는 간식을 소분해 병에 담으며, 또 누군가는 '노나조'에서 필요 없는 물건을 나누는 행동을 경험한다. 이렇게 다양한 선택들이 모여 방문객에게 작지만 의미 있는 경험을 선사한다.

이태원을 찾는다면, 잠시 들러 곡물과 간식거리를 소분하고, 작은 재활용 행동을 직접 경험해보는 것을 권한다. 눈에 띄는 변화는 아닐지 몰라도, 그 안에서 느껴지는 체험과 선택은 일상 속 습관을 돌아보게 만든다. 이런 작은 경험이 쌓이면, 결국 더 지속 가능한 일상을 만드는 길과 연결될 수 있다.

함께,
더 나은 내일을 만드는
우리들

에디터 강이서

우리가 살아가는 서울은 끊임없이 변화하고 나아간다.
이 변화의 중심에는 더 나은 삶과 공동체를 향한 열망이 있다.
'지속 가능한 모델'이라는 말은 거창해 보이지만,
사실 그 의미는 우리의 일상에서 쉽게 닿을 수 있다.

지역 사회에 활기를 불어넣고, 구성원들이 함께 성장하는 건강한 공동체를 만드는 것.
사회에 의미 있는 질문을 던지는 창의적인 작품을 탄생시키는 것.

이렇듯 평범하면서도 특별한 공간 네 곳을 소개하며,
사회적 가치 실현을 위한 그들의 노력과 비전을 살펴보고자 한다.

헤이그라운드

위치 : 서울 성동구 왕십리로 115

사이트 : https://heyground.com

헤이그라운드는 다양한 사회·환경 문제를 혁신적인 방법으로 해결하려는 조직들이 모여 있는 커뮤니티 오피스이다. 이곳은 문제 해결에 대한 진정성, 비즈니스 활동을 통해 만들어 내는 소셜 임팩트를 중요한 기준으로 삼아 입주 팀을 선발하고, 서로 배우고 연결되며 함께 성장하는 생태계를 지향한다. 단순히 사무공간을 제공하는 데 그치지 않고, 비슷한 문제의식을 느낀 팀들이 모여 시너지를 낼 수 있는 환경을 조성하기 위해 노력한다.

입주사가 아니더라도 이 공간을 경험할 수 있는데, 그건 '헤이그라운드 브릭스'를 통해 방문하는 것이다. 브릭스는 헤이그라운드 입주사를 위한 공간 외에 외부 멤버를 위한 다양한 목적의 공간을 대관할 수 있는 서비스이다. 모임의 목적과 인원에 맞춰 다양한 구조의 룸을 선택해 회의나 워크숍 등으로 활용할 수 있다. 6개의 룸이 중앙 홀을 두고 모여 있어 공간이 주는 분위기와 커뮤니티의 에너지를 동시에 체감할 수 있다는 점이 매력적이다.

헤이그라운드 입주사들의 후기를 보면, 이곳이 단순히 스타트업이 모여 있는 집합이 아니라는 점이 확실히 드러난다. 사회·환경 문제를 해결하겠다는 목표와 임팩트 지향성을 갖춘 조직만이 함께한다는 원칙 덕분에, 공간의 분위기와 협업의 방향성이 분명해 보인다.

같은 가치를 향해가는 팀들이 모여 네트워킹을 하고, 실무 역량을 키우는 프로그램을 진행한다. 노코드 업무 자동화나 웹사이트 기획처럼 바로 적용할 수 있는 주제를 중심으로 '스킬업'이라는 프로그램을 운영해 실무에 곧바로 도움이 되는 내용을 공유하며 빠르게 순환되는 문화를 만들고 있다.

또한, 헤이그라운드는 유니버설 디자인을 위해 꾸준히 노력 중이다. 특히 올해부터 유니버설 디자인 투어를 운영하며 참가자들과 실제로 공간을 함께 이동해 보면서 불편한 지점을 직접 경험하고 있다. 동선, 표기, 접근성 등의 사용성을 점검하고 개선 아이디어를 수집하는 과정 자체를 프로그램화한 것이다. 모두가 편안하게 이용할 수 있는 공간을 지향한다는 원칙을 꾸준히 실천하고 있다.

헤이그라운드는 좋은 공간을 빌려 쓰는 경험을 넘어, 사회적 가치를 중심에 두고 일하는 방식을 계속 실험하고 확산하기 위해 노력한다. 브릭스를 통해 누구나 쉽게 접근할 수 있는 문을 열어 두고, 입주사에 제공하는 프로그램이나 디자인 철학 등으로 이 공간이 지향하는 원칙을 단단히 새긴다. 문제를 해결하려는 의지와 실행을 돕는 환경, 그리고 서로에게서 배우고 함께 나아가는 문화가 어우러지는 새로운 공간을 제시하고 있다.

그레이프랩

위치 : 서울 마포구 와우산로 134 1층
사이트 : https://grapelab.co.kr

홍대에 자리한 디자인 스튜디오 그레이프랩은 지속 가능한 라이프스타일을 지향하며, 버려진 자원을 디자인 제품으로 재탄생시키는 기업이다. 이곳은 단순히 제품을 판매하는 매장이 아니라, 재료의 재탄생을 눈으로 보고 손으로 느끼는 전시장에 가깝다.

공간을 구성하는 거의 모든 요소가 "어떤 자원으로 이루어졌을까"라는 질문을 자연스레 떠올리게 만든다.

매장에 놓인 판매 제품은 물론이고 곳곳의 테이블까지 재활용 판재로 만든 것이 눈에 들어온다. 한쪽 벽면을 가득 채운 색색의 재생지는 이 공간의 철학을 가장 명확히 보여주고 있다. 종이 사이에 붙은 작은 라벨을 들여다보면, 그 종이가 어디서 왔는지 간단한 히스토리가 적혀 있다. 'beer'라는 표기가 달린 종이는 맥주 생산 후 남는 맥아 찌꺼기와 맥주병 라벨로 만든 종이이고, 'coffee cups'는 버려지는 테이크아웃 컵을 분리·가공해 다시 만든 종이이다. 벽 앞에 잠시 멈춰 라벨을 읽고, 각 재료를 보며 자연스럽게 순환의 과정을 떠올리게 된다.

그레이프랩의 대표 아이템인 재생지 노트북 거치대는 이곳의 철학을 가장 실용적으로 구현했다. 다양한 색과 무늬, 용도에 맞춘 여러 크기로 만들어져 취향과 작업 스타일에 따라 고를 수 있다. 가볍지만 안정감을 주는 구조와 효율적인 각도, 종이가 주는 따뜻한 촉감이 조화를 이룬다. '환경과 사회문제를 디자이너의 관점에서 바라보고, 실험을 통해 해결책을 제시한다'라는 스튜디오의 슬로건이 제품에 고스란히 투영되어 있다. 특히 가장 일상적인 물건으로 지속가능성을 실행하도록 돕는다는 점이 인상적이다.

1층에서 함께 운영되는 어피스 오브 카페는 세컨핸드 제품이 모인 공간이다. 폐기되는 자동차 라이트와 핸드레일을 활용해 만든 테이블, 제작 과정에서 탈락한 재생 종이로 묶은 자투리 메모지 등, 버려진 것이 새로운 것으로 변신한 물건들이 곳곳에 자리 잡고 있다. 물건을 구경하는 일 자체가 한 편의 전시 관람처럼 느껴진다. 이곳에서 커피를 주문하면 대나무와 사탕수수로 만든 컵에 음료가 담겨 나온다. 산림 벌목을 줄이기 위한 선택이라는 안내 문구와 함께, 텀블러를 사용하면 1,000원이 할인된다는 메시지도 있다.

공간을 찬찬히 둘러보고 있으면, 그레이프랩이 전하려는 메시지가 제품 설명을 넘어 경험으로 확장되어 있음을 체감하게 된다. 공간을 채우고 있는 물건들에 붙은 라벨이 그들이 어디에서 왔는지 알려주고, 또 다른 쓰임을 얻는 순간으로 탈바꿈한다. 작고 구체적인 재료 하나하나가 모여 지속가능성은 멀리 있는 가치가 아니라 우리가 당장 함께할 수 있는 선택이라는 사실을 설득한다.

무엇보다 이곳은 단순히 환경을 위한 착한 소비를 끌어내는 데 그치지 않는다. 디자이너의 언어로 문제를 분석하고 프로토타입을 만들어 개선을 반복하는 과정 자체를 손님들과 공유한다는 느낌이 든다. 그래서 방문자는 물건을 사는 데서 끝나지 않고, 어떤 재료가 어떤 과정을 거쳐 다시 태어나는지, 그 변화가 우리의 일상에 어떻게 스며드는지를 함께 배우게 된다.

| 生生之謂易(생생지위역) - 『주역』
끊임없이 살아서 새로워지는 것이 변화다.

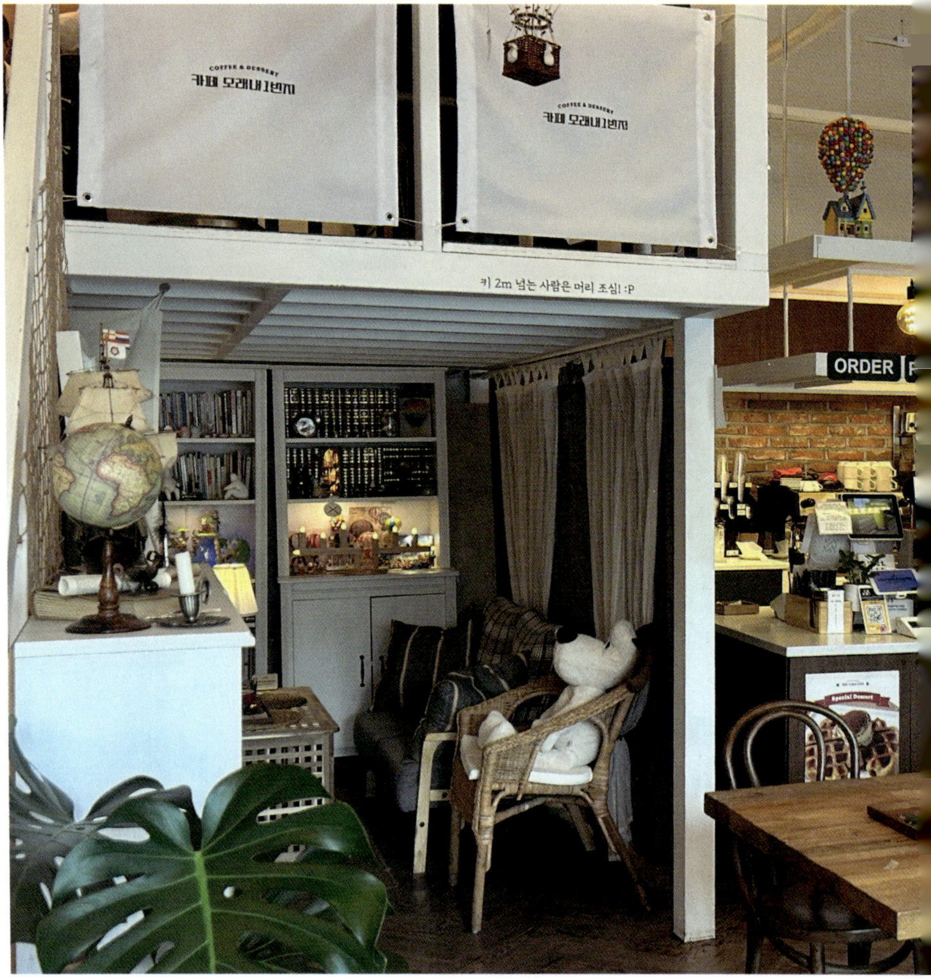
COFFEE & DESSERT
카페 모래내1번지
COFFEE & DESSERT
카페 모래내1번지
키 2m 넘는 사람은 머리 조심! :P
ORDER

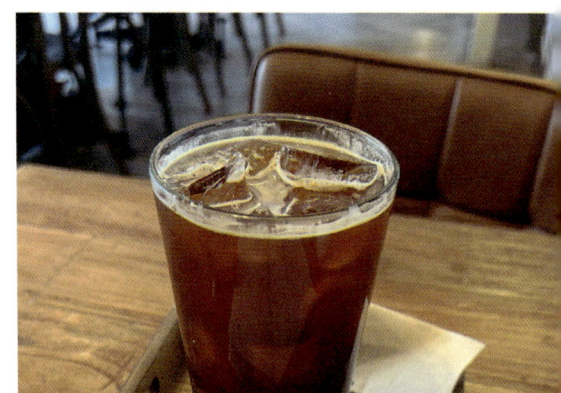

모래내1번지

위치 : 서울 서대문구 수색로 43
가좌행복주택 복합커뮤니티센터 105호
사이트 : https://www.instagram.com/cafe.moraenae1st

서대문 청년창업센터 바로 옆에 자리한 모래내1번지는 사회적기업이 운영하는 카페이다. 서대문구와 LH공사가 협업해 청년 자립과 지역 상권 활성화를 지원하는 가좌청년상가에 입주해 있으며, 일상에서 머물 수 있는 지역 거점을 지향한다. 동네와 청년이 만나는 장소, 모래내1번지는 그 의도를 공간 곳곳에 차분히 녹여내고 있다.

무엇보다 이곳은 지속가능성을 일회성 슬로건이 아니라 운영의 기준으로 삼는다. 살충제와 농약 사용을 제한하고, 열대우림과 강, 토양, 야생동물을 보호하며, 커피 재배 노동자의 권리를 보장하는 농장에서 생산된 원두에 부여되는 국제 '레인포레스트 얼라이언스' 인증 원두를 사용한다. 커피 한 잔에도 환경과 인권에 대한 기준을 담고 있는 카페의 모습에서 정체성이 사회적 가치와 연결되어 있음을 말해 준다.

공간은 편안하면서도 집중할 수 있도록 세심한 배려가 돋보였다. 높은 층고 덕분에 시선이 탁 트이고, 다락을 닮은 2층은 은은한 쉼터가 되어준다. 곳곳에 놓인 식물이 마음을 편하게 해주고, 소음이 과하지 않아 노트북 작업하기 좋은 카페로 알려져 있다. 그래서인지 평일 낮에는 혼자 방문해 개인 작업을 하는 손님들을 자주 볼 수 있다.

모래내1번지를 창업한 대표는 1인 가구 청년을 위한 커뮤니티 플랫폼을 만들며 사회적 연대와 정서적 고립 문제를 마주하고자 했다. 그가 운영하는 사회적기업 '노잉커뮤니케이션즈'의 출발점 역시 타지에서 자취하던 대학 시절의 외로움과 공허함이었다고 한다. 같은 마음을 가진 사람들이 모여 서로의 일상을 나누고, 함께 밥을 먹고, 때로는 아무 말 없이 같은 공간에 있어 보는 경험이 얼마나 큰 힘이 되는지 체감했던 것이다. 이 작은 모임에서 출발한 생각은 '낮에는 커뮤니티 활동을 위한 거점, 저녁에는 카페'라는 실험으로 이어졌고, 운영의 효율을 다듬는 과정을 거쳐 지금은 '카페'라는 공간에서 커뮤니티의 온기를 담는 방식으로 자리 잡았다.

이곳이 특별한 이유는 커피 한 잔으로 낯선 이들이 서로의 존재감을 확인하는 순간들을 만드는 데에 있다. 각자 조용히 머무는 시간이 쌓이는 감각을 축적하는 일은 생각보다 큰 의미를 갖는다. 특히 타지 생활을 시작한 사회 초년생에게 아지트가 되어 줄 수 있다. 사회적 가치를 일상의 경험으로 녹여내고, 지역과 공존하는 이런 곳들이 모여 동네 온도를 바꿔 놓는다. 모래내1번지가 오래도록 그런 자리로 남기를 함께 응원하게 된다.

예술가에게 가장 필요한 것은 무엇일까?
아마 마음 놓고 꿈을 펼칠 수 있는 공간일 것이다.

금천예술공장

위치 : 서울 금천구 범안로15길 57
사이트 : https://www.sfac.or.kr/

금천예술공장은 시각 예술가에게 창작 스튜디오를 제공하는 문화예술공간을 운영 중이다. 매년 공모를 통해 시각예술 작가를 선발해 1년간 자유롭게 공간을 사용할 수 있도록 한다. 단순히 공간만 제공하는 것이 아니라 다른 예술가들과 함께할 수 있는 공동 작업실이나 라운지 등의 공간도 있어 입주 작가끼리 교류가 이루어진다. 또한 입주 작가의 프로필과 작업을 소개해 전시가 열리면 홍보의 창구로 이용되기도 하고, 역량 강화를 위한 교육 프로그램 등에 참여할 기회도 주어진다.

이 공간이 단순히 입주 작가들에게만 기회를 제공하는 것은 아니다. 서울 금천구 독산동에 있는 금천예술공장은 금천구의 과거와 현재의 문화를 잇는 공간으로 자리 잡아 가고 있다. 단순히 예술가를 위한 창작의 공간을 넘어 금천구라는 동네의 정체성을 담고 지역 주민들과 함께 새로운 문화적 가치를 만들어가는 "공장"의 역할을 해내고 있다. 이곳은 1978년 전화기코일 공장, 1991년 인쇄공장으로 사용되던 건물이었다. 과거 공업 시설로 쓰이며 서울 산업화의 중심지였던 구로공단의 흔적이 남아있으며 그 상징이었던 "공장"이라는 공간이 예술을 생산하는 공간으로 재탄생한 것이다. 작게는 금천구가, 크게는 우리 지역사회가 지닌 변화와 재생의 힘을 보여준다고 할 수 있다. 낡은 공장을 허물고 새로 짓는 대신, 역사를 보존하면서 새로운 가치를 더한 것이다.

동네와 시민을 위한 공간으로써 금천예술공장은 지역 주민들이 문화를 누리고 즐기며 예술과 교감할 수 있는 역할을 다하고 있다. 주기적으로 진행하는 '오픈스튜디오'는 입주 작가들의 창작 과정과 결과물을 시민들에게 공유하는 기획전 형식의 시민참여 프로그램이다. 가깝고 익숙한 곳에서 지역 주민들이 예술을 경험할 수 있도록 도와 예술의 문턱을 낮추고 일상에서 참여하고 만들어 나가는 주체가 될 기회를 제공한다.

오픈스튜디오의 세부 행사 중 하나인 '금천 아카이브'는 금천예술공장이 위치한 금천구, 독산동 등 장소와 지역을 살펴보는 프로그램으로 지역 사회와 상호작용을 하며 다양한 예술적 시각으로 재해석된 장면을 엿볼 수 있다. 이런 프로그램들이 모여 예술이 특정 계층의 전유물이 아니라 동네 곳곳에 스며들어 주민들의 삶을 풍요롭게 하는 매개체가 될 수 있음을 보여준다. 금천예술공장은 지역의 이야기를 들려주고, 주민들과 교감하며 동네에 대한 이해와 애정을 더욱 깊게 만들어 주는 역할로 기능한다.

interview
청년 예술가 안효명

철학을 전공한 95년생 청년 예술가 안효명은
'클라이밍 홀드'를 매개로 삶과 사회를 이야기한다.

그는 남과 비교하기보다 각자만의 방법으로 완등하는 클라이밍처럼,
한국 사회 속에서 자신의 삶을 온전히 살아가길 바라는 메시지를 작업에 담는다.

Q. 간단히 자기소개와 현재 어떤 주제로 작업을 하고 계신지 소개 부탁드립니다.

안녕하세요. 95년생 작가 안효명 입니다. 저는 학부와 대학원 모두 철학을 전공했습니다. 현재는 주로 클라이밍 홀드라는 소재를 가지고 작업을 하고 있습니다.

클라이밍이란 스포츠를 통해서 삶을 이야기하고 있습니다. 클라이밍은 시작부터 끝까지 자신만의 방법으로 완등하면 되는 스포츠입니다. 키나 근력에 따라 다양한 방법으로 완등합니다. 인생도 마찬가지인 것 같습니다. 자신이 처한 환경에 따라 자신만의 방법으로 삶을 완성해 가는 과정인 것 같습니다. 특히 한국 사회가 가지고 있는 남 눈치 보기, 비교하기 등에서 벗어나 자신의 삶을 온전히 살기 바라는 마음을 담아 작업하고 있습니다. 작업은 보통 '클라이밍 홀드'를 기호화하여 캔버스에 표현하거나 실제 클라이밍 홀드를 이용한 입체 작품, 더 나아가 미디어 작품까지 영역을 넓혀나가려고 하고 있습니다.

Q. 철학이 작품에 어떤 방식으로 스며들어 있다고 생각하시나요?

예술과 철학은 서로 유기적으로 작동한다고 생각합니다. 철학적 사고는 작품을 더 풍성하게 해줍니다. 제가 생각하는 예술은 나를 표현하는 것입니다. 내가 하고 싶어서 하는 것이니까요. 솔직히 내가 누군지 아는 사람은 많지 않거든요. 저도 마찬가지이기도 하고요. 그래서 스스로에게 끊임없는 질문을 던집니다. 이게 철학적 사고의 기본이라 생각하며 제가 작품 활동에 몰입하는 원동력이라 생각합니다.

Q. 앞으로 꼭 실현해 보고 싶은 프로젝트가 있을까요?

아무래도 '클라이밍 홀드'를 가지고 작품 활동을 하다 보니, 저에게 대형 프로젝트라면 클라이밍장을 하나의 예술 공간으로 꾸며보는 것이겠지요. 그렇다면 작품들은 관객 참여형이겠네요. 작품을 잡고 오르면서 새로운 예술적 경험을 선사하는 것도 재미있을 것 같습니다.

지금은 클라이밍 영상을 통해 제 주제 의식을 담는 작업을 해보려고 합니다. 까딱 잘못하면 유치해 보일 수 있는 작업이라 신중하게 공들이고 있습니다. 아마 이르면 내년, 늦어도 내 후년쯤에 선보일 수 있지 않을까 생각합니다.

Q. 혼자서 작업할 때와 협업할 때는 어떤 차이가 있으며, 또 어떤 점에서 서로 보완된다고 보시나요?

혼자 하는 작업은 조금 더 자신과 가까워지는 시간인 것 같아요. 작품의 밀도도 올라가고 생각거리도 많아지죠. 하지만 관객들을 이해시키는 것과는 거리가 멀 수도 있어요. 내 이야기니까요. 근데 협업하면 대중적 공감대를 만들기 좋은 것 같아요. 같이 의논도 나누고 생각도 교환하다 보면 혼자서는 보지 못했던 부분을 발견하곤 하니까요. 또한 여러 분야에서 모이게 되면 더 풍성해지는 것 같아요. 제가 할 수 없는 부분까지 할 수 있게 되다 보니 방법이 무궁무진해지는 장점이 있다고 생각합니다.

저는 매년 개인전을 열고 있습니다. 관객들이 오실 때마다 작품을 설명해 드립니다. 제 작품에는 기호나 도상*이 많이 들어가거든요. 의미를 알려드려야 온전히 작품을 이해할 수 있기도 해서 더욱 그렇습니다. 그런데 간혹 관객분들이 새로운 의미를 만들어 주세요. 그러면 저는 그 의견을 적극 수용합니다. 제가 생각한 의미보다 더 좋은 경우일 때가 있거든요.

사실 작품은 작가가 만드는 것이지만 그것을 소비하는 것은 관객입니다. 결국 관객들이 다양하게 해석해 줄수록 작품이 더 풍성해지는 것 같습니다. 가장 기억에 남았던 경험은 대게 전시회에서 작가를 만나면 좋은 말씀들을 많이 하시거든요. '그림이 색감이 좋다.', '동물이 귀엽다.' 등등 말이죠. 근데 한 관객분이 제가 실력이 많이 부족한 것 같다면서 이런저런 부분들을 고쳐보라고 말씀해 주시더라고요. 솔직히 기분은 별로 안 좋았지만, 집에 와서 작품들을 수정했어요, 틀린 말은 없었거든요. 매번 쓴소리를 듣고 싶은 건 아니지만 그런 말씀을 해주시는 분이 있다는 게 고맙고 특별했습니다.

*도상 : 종교나 신화적 주제를 표현한 미술 작품에 나타난 인물 또는 형상

**Q. 서울이라는 공간은 작가님께 어떤 의미를 가지나요?
동시에 청년 예술가로 갖는 장점과 한계는 무엇이라고 보시나요?**

지방 출신 작가로서 서울은 꼭 가야 하는 곳이라고 생각합니다. 결국 예술이라는 것이 나를 많은 사람에게 알려야 하는 것이기에 사람이 많은 곳으로 가야 하는 건 당연한 것 같아요. 아무리 온라인이 발달해도 오프라인으로 형성되는 네트워크를 무시할 순 없거든요. 또한 수많은 전시, 공연 관람의 기회도 서울이 압도적으로 많기도 하고요.

사실 서울은 참 잔인한 곳이라고 생각합니다. 지방은 경쟁이 덜 해요. 작가 생활을 하는 분이 많지 않기도 하고 자신만의 영역이 확실하니까요. 근데 서울은 중심에서 밀려나면 다시 들어가기 쉽지 않은 것 같습니다. 중심에 있는 작가들은 밀려나지 않기 위해 계속 자세를 유지하고 새로운 시리즈들로 관객의 마음을 사로잡아야하고, 중심에 들어가려는 작가들은 끊임없는 작품 활동으로 관객의 문을 두드릴 수밖에 없는 것 같아요. 이걸 버텨내는 사람만이 이 시장에서 살아남는 것이고요. 모두가 행복한 예술 시장은 유토피아 같은 것이죠. 그런 점에서 서울은 이 경쟁의 중심지 같은 곳이죠.

Q. 청년 예술가로서 현실적으로 마주하는 고민이 있나요?

현실적인 문제는 사실 금전적인 부분이죠. 먼저 저 같은 비전공자들은 무엇을 해야 할지 모르는 경우가 많아요. 네트워크의 부재도 한몫하고요. 자기가 혼자 알아서 모든 걸 해야 합니다. 그래서 더 초기 비용이 많이 발생하는 것 같아요. 기본적인 작품 제작비용은 물론이고, 이제 시작하는 작가라면 대관료, 운송료, 홍보비, 전시 참가비 등 기타 비용이 발생하거든요.

이게 그림 판매를 통해 충당되면 좋겠지만, 현실적으로 쉽지 않습니다. 지인한테 판매하는 것도 어느 순간부터는 부담스럽기도 하고 결국은 컬렉터의 마음에 들기 위해 노력해야 합니다. 그게 얼마나 걸릴지 모르겠네요. 사실 어떤 노력이나 시도라고 말한다면 저는 하나의 주제를 다양한 방법으로 표현해 보는 것 같아요. 주제를 자주 바꾸면 관객과의 신뢰가 형성되기 쉽지 않거든요. 어느 정도의 작가로 색깔과 일관성을 가지긴 해야 하는 것 같아요. 결국 예술 시장이란 게 내 팬을 만드는 일이니까요.

Q. 작가님이 바라보는 '지속 가능한 예술 활동'의 조건이나 의미는 무엇이라고 생각하시나요?

지속 가능한 예술 활동의 조건은 크게 두 가지인 것 같습니다.

먼저 경제적으로 순환이 이뤄지지 않으면 작품의 질뿐만 아니라 작가 본인의 건강도 문제가 생깁니다. 작가 생활이 본업이 아니게 되기 때문이죠. 작품 활동에 쏟는 시간이 줄어들 수밖에 없거든요. 돈을 벌어야 하니까요. 그래서 최소한의 경제적 안정은 필요하죠.

다음으로 프로의식입니다. 그림이 좋아서 그림을 그린다는 이유만으로 작가 생활을 하는 건 쉽지 않습니다. 분명히 직업으로 작품 활동을 하게 되면 지루하고 힘든 순간이 올 수도 있습니다. 이럴 때 필요한 게 프로 의식이라고 생각해요. 내가 선택한 길이라면 책임감을 가지고 임해야겠죠? 그게 내 자신한테나, 내 작품을 구매해 주시는 분들에게나 모두에게 좋은 것이라 생각합니다.

Q. 청년 예술가들이 지속적으로 작업을 이어가기 위해 가장 필요하다고 생각하는 환경이나 지원은 무엇인가요?

이 부분은 사실 민감한 문제라고 생각해요. 지원의 형태에 따라 예술가의 생태가 바뀔 테니까요. 근데 저는 조금 경쟁이 필요하다고 생각해요. 소위 작가 생활로 삶을 영위하겠다고 하는 사람이라면 취미로 그림 그리는 사람보단 나아야 하거든요. 프로 의식을 갖고 작품을 만들어야 작업의 전반적인 질이 올라가는 것 같아요.

그래서 지원과 관련해서는 지방이 문제가 심한 것 같아요. 몇 년 전에 그린 그림들로 전시하면서 지원금만 받는 작가들이 일부 존재하거든요. 지원사업의 내용과 취지에 맞는 작품만 제작하고, 작품 판매도 관공서에만 하는 그런 작가들이요. 이런 작가들의 작품이 세계 예술 시장을 선도하긴 쉽지 않다고 생각해요. 개인적으론.

이런 문제가 발생하는 원인은 지원하는 주체가 관(官)이다 보니 그런 것 같아요. 일부 사람들은 예술에서 금전적인 부분을 배제하려는 경향이 있어요. 예술은 순수한 가치를 따르고 배곯아가며 해야 한다는 생각이 있는 것 같아요. 제가 볼 때 굉장히 낡고 고루한 생각이 아닌가 합니다. 결국 예술 시장을 확장하려면 작품을 사고파는 행위가 자연스러운 사회를 만들어야 하는 것으로 생각합니다.

끝으로 지원금의 진짜 목적은 그 작가가 더 이상 지원금을 받지 않아도 되는 수준으로 만들어 주는 것이라 생각해요. 그래서 예술품을 구매하는 것이 자연스러운 사회가 되어야 하고, 작가 역시 그 요구에 충족하는 양질에 작품을 생산해 내는. 이러한 순환이 이뤄지는 것이 중요하지 않을까 합니다.

Q. 마지막으로, '서울에서 청년 예술가로 살아간다'라는 것에 대한 생각을 부탁드립니다.

서울로 대표되는 경쟁사회에서 지치지 않으셨으면 좋겠습니다. 경쟁하기 싫죠. 누군가를 이기고 올라서야 내가 살아남는다는 것이 불편하게 느껴지기도 하고요. 그래서 가끔은 뒤도 돌아보고 앉아서 쉬기도 하고 여유를 즐길 수 있으면 좋겠습니다. 다들 지치고 힘드실 때, 쉬어보세요. 그리고 주변에 소중한 사람들과 시간을 나눠보세요. 그러면 조금 더 편한 마음으로 작품 활동 하실 수 있을 것이라 생각합니다. 우리 모두 살아남아 봅시다!

NODE : EDGE
서울의 중심과 경계

에디터 서효원

NODE

NODE는 중심이다. 서울의 기능과 상징이 동시에 응축된 곳이다. 밀집해 있는 다양한 환승역과 고층 빌딩들은 왜 많은 사람들이 서울에 머물러야 하는지를 보여준다. 서울이라는 공간 속에서 삶이라는 공감대를 찾고 영위할 수 있는 곳이 바로 NODE이다.

NODE : EDGE

노드와 엣지는 서로에게 영향을 준다. 노드와 엣지는 대립하는 개념이 아니라, 끊임없이 교환과 순환을 반복하는 관계다. 중심은 주변 없이는 활력을 잃고, 주변은 중심 없이는 확산의 계기를 잡기 어렵다.

서울을 '중심과 주변'의 관계로 읽어보면, 도시의 변화를 다른 각도에서 볼 수 있다. 최초의 서울은 지금의 서울보다 작았으며, 그 당시의 NODE는 지금은 EDGE이기도 하다. 서울은 중심과 주변이 켜켜이 겹쳐진, 끊임없이 변주되는 도시다.

EDGE

EDGE는 주변이다. 중심을 둘러싸고 있는 경계. NODE에 영향을 받으며 자신만의 이야기를 써 내려간다. 작지만 실험적인 시도와 인간적인 자유로움이 태어나는 곳, 그래서 새로운 가능성이 피어나는 곳이 바로 EDGE다.

EDGE, 성북동길

성북동길은 EDGE이다. 서울 성북구 성북동 63-11. 4호선 한성대입구역 5번 출구에서 보이는 방향으로 걸어가면 성북동길을 만날 수 있다. 종로구 혜화동과 가깝지만, 혜화의 붐비는 분위기와 달리 이곳은 한적하게 한양도성의 흔적을 품고 있다.

성북동길에는 여러 '소진공 백년가게'와 성북구 지정 '성북동인증가게'가 자리한다. 사람들을 끌어모을 수 있는 자산들이 충분한 곳이다.

성북동길의 이야기는 바로 이 지점에서 의미가 있다. 거대한 서울이라는 NODE 속에서, 그 경계에 서서 자신만의 방식으로 도시를 새롭게 써 내려가고 있는 주체들의 목소리. 중심과 주변의 힘이 교차하는 현장에서, 우리는 도시의 또 다른 가능성을 발견할 수 있다.

혜화문은 서울 성곽의 4소문 가운데 동북쪽 문이다. 지금은 작은 가게들이 하나둘 자리를 잡으며 독자적인 개성을 드러내고, 중심과 연결되는 또 다른 에너지를 만들어내고 있다.

로컬 브랜드, 성북동길

성북동길 초입에는 이 길을 소개하는 안내판이 있다.
그 첫 문장에는 이렇게 적혀 있다.
"역사문화마을, 그리고 '사람'의 이야기를 만나는 골목."

이 한 문장은 성북동길의 정체성을 가장 잘 말해준다.
이곳에는 오랜 시간 쌓인 흔적과 오늘의 감각이 함께 머문다. 붉은 벽돌 건물과 골목을 따라 늘어선, 저마다의 이야기를 품은 상점들. 그 사이를 오가는 사람들의 온기 속에서 이 길은 지금도 '살아 있는 역사'로 이어진다.

로컬 브랜드로서의 성북동길은 단순한 상권이 아니다.
이곳은 사람이 머무는 시간이 켜켜이 쌓이며 만들어지는 공간이다. 낡음과 새로움, 고요함과 생동감이 공존하는 골목은 창작자들에게는 작업실이자 일터이고, 방문객들에게는 잠시 멈춰 자신을 돌아보게 하는 창문이 된다.

이 길을 걷다 보면 느릿하게 이어지는 일상과 그 안에 스며 있는 수많은 '사람의 이야기'가 겹쳐진다. 오래된 것과 새로운 것이 공존하며 서로의 존재를 비추는 이 골목은, 단순한 거리 이상의 의미로 다가온다.

성북동길은 오늘도 변함없이 흐른다.
시간의 결 위에 새로운 이야기를 쌓으며, 서울 안의 또 다른 '로컬'로서 조용히 자신만의 빛을 내고 있다.

성북구 성북동길, 2025년 로컬브랜드 상권 육성 실행계획

2025년, 성북동길은 단순한 골목이 아닌 '로컬브랜드 상권 육성 시범지구'로 지정되었다. 서울시는 서울신용보증재단를 비롯한 다양한 이해관계자들과 함께 이곳을 문화·예술 자산을 기반으로 성장 가능한 자생형 브랜드 상권으로 만들기 위해 2개년 프로젝트를 진행한다(2025년 4월~2026년 12월).

위치	성북구 성북로 일대 (한성대입구역 5,6번 출구에서 성북로 방향으로 각 600M)
면적	148,754.5㎡
점포수	313개

> 성북동길 바로 옆에서 근무했던
> 에디터가 추천하는 공간들

나폴레옹과자점

서울 성북구 성북로 7 나폴레옹과자점

서울의 3대 빵집이라 불리우는 이름값을 하는 거대한 매장 크기와 빵 종류. 맛을 보면 이 곳이 왜 3대 빵집인지 알 수 있다.

알파라운드 / 더 테라스

서울 종로구 창경궁로35길 40

사회연대은행이 운영하는 공간으로, 사회적기업과 지속가능성을 응원한다. 1년에 한 번씩 '더 테라스'라는 카페 공간을 무상 임대해주는 프로그램이 특히 인상 깊다. 이 곳의 음료 또한 굉장히 맛이 있고, 공간도 개성있어 이 건물에서 일할 때 텀블러를 들고 자주 방문했다.

성북동칼국수

서울 성북구 성북로 5-7 우성빌딩 1층

한성대입구 인근에서 근무하면서 가장 기억에 남는 맛집. 푹푹 찌는 여름에도 생각나는 따끈한 칼국수 한 그릇을 만날 수 있다.

interview
중세스튜디오 뉴기믹

에디터 안녕하세요. 대표님. 먼저 간단히 자기소개 부탁드립니다.

스튜디오 뉴기믹 안녕하세요. 뉴기믹 대표 박시온입니다. 뉴기믹은 한성대입구역 5번 출구 도보 45초 거리에 있는 중세를 구현한 사진관이자 실제 드레스를 입고 촬영하고, 그림도 그리며 자신의 순간을 펜던트로 제작할 수 있는 체험형 아트 스튜디오입니다.

그리고 저와 함께 뉴기믹을 함께 운영해가는 장재우(동업자이자 현 감독) 씨는 저의 오랜 파트너입니다. TMI로는 저희 둘은 고등학생 시절 밴드로써 만나(드럼과 베이스) 현 지금까지 15년 이상의 인연을 자랑해 왔습니다. 본격적으로 함께 비즈니스를 시작한 지는 3년 남짓이지만, 서로의 호흡을 맞추며 앞으로 더 단단히 성장해 나가고 있습니다.

에디터 '뉴기믹이라는 단어가 생소한데, '뉴기믹'이라는 이름에 담긴 의미를 들려주실 수 있을까요?

스튜디오 뉴기믹 왜 '뉴기믹'인가에 대해서 말씀드리자면 '기믹'이라는 뜻의 본래 사전적 의미는 상술이나 눈속임으로써 비판의 의미로 쓰이곤 하지만, 문학에서는 인물의 독특한 특징, 영화계에서는 독특한 콘셉트, 영상 매체에서는 독창적 촬영 기법이나 눈을 즐겁게 하는 특수효과 등을 나타내는 용어로 쓰이고 있습니다. 저희가 생각하는 방향성과 들어맞아, 늘 새로운 종류의 독창적이고 독특한 결과를 나타내고자 New+Gimmick = 뉴기믹이 되었습니다.

에디터 여러 지역 중 성북동길에 자리를 잡게 된 특별한 이유가 있나요?

스튜디오 뉴기믹 그러게 말입니다. (하하) 그냥 성북동이 좋았습니다. 성북동이 저희를 끌어당겼다고나 할까요? 저희의 본진을 찾고자 발품을 팔며 이곳저곳 돌아다녀 봤지만 정말 하나같이 마음에 들지 않았습니다. 당시에 상권을 생각하고, 입지를 생각하기에는 아무것도 몰랐고 단지 공간만 생각하면서 두들겼는데 그마저도 성북동이라면 이건 정해져 있던 게 아닐까 싶습니다.

에디터 그렇다면, 사진을 업으로 삼게 되신 배경과 계기가 궁금합니다.

스튜디오 뉴기믹 사실 저희의 궁극적인 목표는 영화 제작사로 나아가는 것입니다. 지금도 사진과 더불어 영상을 함께 다루며 콘텐츠를 제작 및 발행하고 있고, 중세 스튜디오는 그 여정의 첫 단추이자 본진인 거죠.

처음에는 공간 대여 스튜디오로 출발했습니다. 1년여간 운영하며 뮤지컬 프로필, 게임 광고 인터뷰, 서브컬처 촬영, 유튜브 콘텐츠 촬영 등 다양한 고객들을 만나왔는데, 공간을 만든 저희만큼 그 맥락을 이해하고 활용하는 이는 없다는 생각이 들었습니다. 그래서 직접 촬영을 시작했고, 더 진한 색깔의 컨셉과 상품을 연구하며 차별화된 경험을 제공하기 위해 노력했습니다.

특히 주된 소비자층을 '커플'로 설정해 운영해 왔는데, 시간이 지나며 웨딩과 같은 특별한 순간까지 확장하게 되었습니다. 참 흥미롭게도 고객들이 드레스를 입고 촬영하며 어느새 이곳이 '공주 스튜디오'처럼 받아들여지고 있다는 점도 신기하고 재미있더라고요.

결국 저희가 사진을 업으로 삼게 된 계기는 단순한 기록을 넘어, 공간과 경험을 온전히 담아낼 수 있는 주체가 우리 자신이라는 깨달음에서 출발했습니다. 그리고 이 과정에서 콘텐츠 제작과 영상 작업을 함께하며, 최종적으로는 영화 제작이라는 궁극적인 목표를 향해 나아가고 있습니다.

에디터 사진을 촬영하실 때 가장 중요하게 생각하는 요소는 무엇인가요? 또한 작업을 통해 담아내고 싶은 메시지가 있을까요?

스튜디오 뉴기믹 맞습니다. 사진 촬영할 때 가장 중요한 건 결과물이죠. 하지만 궁극적으로는 그 순간의 감정과 분위기를 담아내는 것이라고 생각합니다. 기술적으로 완벽한 사진보다는 자신의 진짜 표정을 발견하고 관계의 따뜻함을 느낄 수 있는 '한 장'이 더 가치 있다고 생각 드네요.

그리고 단순 기록을 넘어서 시간이 지나도 꺼내볼 수 있는 전유물을 꼭 쥐어 드리고 싶었습니다. 평범한 하루를 조금은 더 특별하게 남기고 그 특별함이 오래도록 함께 갈 수 있다면 너무 행복하지 않을까요?

에디터 갑자기 궁금해진 것이 있는데, 스튜디오 이름에 담긴 '중세'라는 콘셉트를 선택하게 된 이유는 무엇인가요?

스튜디오 뉴기믹 처음부터 중세 콘셉트를 정한 것 보다는 쌓다보니 중세가 만들어졌다는 생각이 듭니다. 레퍼런스를 찾던 중에 좋아하는 콘셉트로 방향을 틀어봤고 다다른 곳은 파벽돌(천연석)을 내부 벽에 두른 컨셉의 빈티지함이 묻은 유일무이한 '중세성'이었습니다.

중세가 가져다주는 시간의 깊이, 고귀함, 낯설지만, 매혹적인 분위기와 시간을 초상화처럼 기록한다는 컨셉을 전해드리고 싶었습니다. 결국 중세는 뉴기믹의 철학을 가장 잘 표현할 수 있는 무드이자 차별화를 가지고 있다고 생각합니다.

에디터 사진 촬영 외에도 다양한 프로그램을 운영하고 계시는데요. 이러한 구성을 확장하시게 된 이유는 무엇인가요?

스튜디오 뉴기믹 뉴기믹이라는 색깔을 맛보고, 한 공간에서 다양한 카테고리로 간직하고 형태화 되었으면 하는 바람과 촬영에서 끝나는 게 아닌, 오래 머무르고 깊이 경험하며 연인/가족 또는 1인 단위의 고객들이 하루를 조금 더 특별하게 매듭지었으면 하는 뉴기믹의 욕심이 담겨 있다 생각합니다.

또한 성북동과 예술적/문화적인 감성을 나란히 뻗어가며 복합적인 문화공간으로 만들어 장기적으로는 브랜드의 경쟁력을 강화할 수 있는 이유입니다. 앞으로도 오감을 만족시킬 수 있는 장치는 계속해서 더 추가할 예정입니다.

에디터 성북동길이라는 장소성이 뉴기믹의 작업이나 브랜드 아이덴티티에 어떤 영향을 주고 있다고 생각하시나요?

스튜디오 뉴기믹 성북동길은 '지붕없는 박물관'이라 불리며 역사의 채취가 지금껏 쌓여 있는 공간으로 이는 뉴기믹이 추구하는 시간의 파편을 간직하는 가치와 매우 맞닿아 있습니다.

고즈넉한 골목과 건물들은 뉴기믹의 세계관을 더욱 설득력 있게 해주고, 고객은 이곳에서 단순히 사진을 찍는 것을 넘어 마치 성북동길 안에서 자신만의 이야기를 새기는 경험을 합니다. 또한 성북동 상권과 지역문화와의 연결을 통해 단순 스튜디오를 넘어 성북동의 새로운 문화적 거점이 되길 희망합니다.

에디터 소상공인으로서, 현재 진행 중인 '로컬브랜드 상권 육성 사업'과 같은 지원사업이 실제 운영에 어떤 도움이 되고 있다고 느끼시나요?

스튜디오 뉴기믹 단순히 비용 지원을 넘어 뉴기믹 운영에 실질적인 도움이 되고 있습니다. 자금과 컨설팅 지원을 통해 소상공인으로서 겪는 경영적 부담을 덜 수 있고, 기존에도 브랜드로써 상기시켜 왔지만 브랜드 아이덴티티와 폭 넓은 마케팅 전략을 구체화하며 방향성을 더욱더 뚜렷하게 확립시킬 수 있다고 생각합니다. 또한, 다른 브랜드들과 네트워크를 형성하면서 문화적인 거점으로 확장할 기회로 뻗어 나가길 희망합니다.

에디터 성북동길 주민이나 방문객들과의 교류가 뉴기믹의 운영과 작업에 어떤 의미를 주었는지 궁금합니다.

스튜디오 뉴기믹 늘 밥 먹듯이 얘기합니다. 낯선 공간이 아닌 동네 사랑방처럼 느꼈으면 좋겠다고요. 주민들에게는 동네 사진관이자 친근한 공간으로 자리 잡으며 일상에서 자연스럽게 브랜드가 살아 숨 쉬게 하고, 방문객들에게는 독특한 경험을 선사하며 이 지역만의 문화적 매력을 알리는 거점 역할을 하고 있습니다.

이러한 교류를 통해 저희는 '뉴기믹이 단순한 스튜디오를 넘어 사람과 이야기가 모이는 공간'이라는 정체성을 더욱 확고히 할 수 있었습니다.

에디터 앞으로 성북동길 내 다른 공방이나 브랜드와 함께 만들어가고 싶은 상권의 모습은 어떤 것인가요?

스튜디오 뉴기믹 성북동길이 단순히 소비의 공간이 아닌 지역만의 문화를 체험할 수 있는 상권으로 성장하길 바랍니다. 획일화된 거리와는 달리 공방, 스튜디오, 다양한 로컬 브랜드들이 모여 저마다의 색깔을 가진 공간으로 만들어가고 있습니다.

뉴기믹 또한 사진과 아트 체험을 기반으로 다른 브랜드들과 협업하여 성북동에서 하루 종일 머무르며 다양한 문화를 즐길 수 있는 거리, 전통 로컬이 살아 숨 쉬는 상권을 함께 만들어가고 싶습니다.

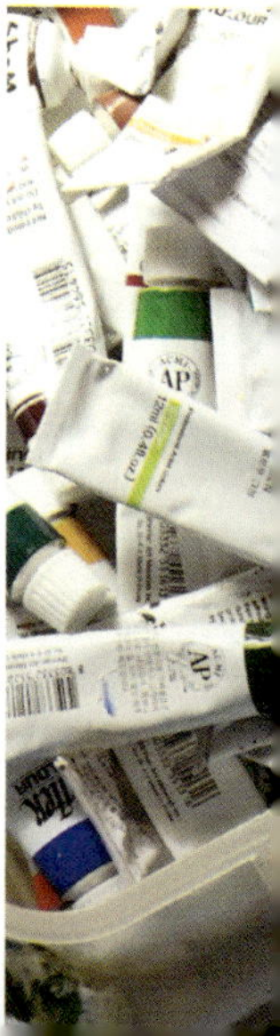

**interview
마미공방**

에디터 안녕하세요 마미공방에 대한 소개 부탁드려도 될까요?

마미공방 2014년부터 성북동에서 공방을 운영하고 있는 김민경입니다. <마이 캔들 스토리>, <모든 순간의 향기> 책의 저자이기도 합니다. 주로 향을 제작하는 작업을 하고 있고, 향기 관련 외부 수업, 니팅 도안 제작 및 수업도 겸하고 있어요.

에디터 수많은 지역 중 성북동길에 공방을 열고 정착하게 된 계기는 무엇인가요?

마미공방 우연히 성북동길을 산책하다가 또 우연히 부동산 문을 열고 '이 근처에 조용히 작업실로 쓸 만한 공간이 있을까요?' 하고 물어본 것이 계기가 되었어요. 좁은 골목들이 연결되어 있고, 특색있는 오래된 집들이 많은 동네라 마음에 들었어요.

에디터 건축을 전공하신 것으로 알고 있습니다. 건축적 시선에서 바라본 성북동길은 어떤 공간인가요?

마미공방 시간의 결들이 차곡차곡 쌓인 길이에요. 사실 처음엔 아주 오래되고 낮은 낡은 한옥만이 이 공간들을 메우고 있었는데, 지금은 빌라가 많이 들어서서 공간의 높이감이 좀 달라졌어요. 아쉽긴 하지만 그것이 시간의 레이어들이라고 생각해요. 그래도 사이사이 한옥을 잘 다듬어서 유지하고 있는 공간들이 있어서 그런 집들을 찾아보는 재미가 있어요.

에디터 캔들, 뜨개질, 캘리그래피 등 다양한 작업을 선택하게 된 이유와 각각의 매력은 무엇인가요?

마미공방 캔들은 저만의 공간을 채우는 방법이었어요. 공간에 색깔을 입히듯이 향기를 입히기를 즐겨 했어요. 어디서 별도로 자격증을 취득한 것이 아니라 혼자만의 방법을 계속 탐색하는 일에 즐거움을 느꼈는데, 그게 지금의 독특한 저만의 조향법이 된 것 같아요.

뜨개질은 엄마의 취미였어요. 어렸을 때 엄마가 직접 떠 준 옷을 입혀주면 너무 싫어하고 새 옷을 사달라고 조르는 아이였는데, 이제서야 그것이 얼마나 큰 사랑인지를 깨달았어요. 아무런 도안도 없이 옷 하나를 뚝딱뚝딱 만들어내던 엄마의 손재주를 이어받았나 봐요. 캘리그라피는 아빠의 손재주에서 왔어요. 손글씨 교본에 나올 것 같은 단정하고 멋있는 글자를 쓰시는 아빠에게 한글 쓰기를 배웠거든요. 지금은 그걸 더 잘 배워보고 싶어서 서예 선생님께 서예를 사사하는 중입니다.

에디터 대표님이 느끼는 성북동길의 분위기를 향으로 표현한다면 어떤 향일까요?

마미공방 아주 다양한 이야기가 녹아있는 동네라 어떤 향으로도 표현가능할 수 있는 재미가 있어요. 오래된 한옥에서 느낄 수 있는 우디한 향과 골목에 계절마다 피어나는 연한 들풀의 향, 그리고 그 속에 톡톡 튀는 작업을 하는 분들의 상큼하고 밝은 향을 담으면 좋을 것 같아요. 그동안 성북동의 곳곳을 표현하는 향을 담는 작업을 했는데, 그때마다 풍경과 이야기가 바뀌어서 늘 새로운 향으로 만들어졌어요.

에디터 대표님의 개인적인 삶과 취향은 마미공방에 어떤 방식으로 녹아들어 있나요?

마미공방 마미공방에서 나오는 작업들은 온전히 100% 저의 이야기에요. 대부분의 공방은 정해진 커리큘럼에 따라 수업하고, 자격증 단체에서 배운 대로 제품을 제작하는데 저는 그렇지 않거든요. 하고 싶은 속도와 방식대로 저만의 작업을 하고 있어요.

에디터 성북동길의 여러 공방이 함께한 '프롬에잇(From 8)'을 시작하게 된 계기와, 운영하며 얻은 가장 큰 보람은 무엇이었나요?

마미공방 제가 공간을 시작했을 때, 마침 이 길의 대부분이 작은 작업실을 운영하는 친구들로 채워져 있었어요. 간판도 없이 개인 작업에 집중하고 있는 사람들이 대부분이라 들어와서 생활하기 전까지는 그곳들이 다 공방이라는 것을 모를 정도였어요. 오며 가며 인사를 하고, 함께 차를 마시고 밥을 먹다가 서로가 서로의 작업을 궁금해하고 함께 하고 싶다는 것을 인지했어요. 그리고 동네 사람들도 우리와 같은 마음일지도 모른다고 생각하고 오픈 스튜디오처럼 문을 열고 길목에 모여 우리의 작업들을 소개하기 시작했어요. 그것이 '프롬에잇'의 시작이었습니다.

예상은 적중해서 동네 분들이 훨씬 반겨주고 응원해 주고 저희의 작업들을 애정 있게 봐주셨어요. 천천히 동네와 하나가 되어가는 느낌이 너무 좋았어요.

에디터 공방 운영 과정에서 어려움이 있었다면 무엇이었나요?

마미공방 번화가나 관광지가 아니라 유동인구가 많은 편은 아니고, 그래서 매출이 크거나 큰돈을 벌 수 있는 곳은 아니에요. 하지만 기관이나 단체가 기획하는 행사가 많아서 근처에서 작업하는 분들과 네트워크가 잘 형성되는 편이에요. 개별 공간들은 작은 1인 작업실이 많지만, 네트워크를 통해서 크게 하나로 연결되고 그것이 서로를 지탱하는 힘이 된 것 같아요.

에디터 성북동길 주민이나 방문객들과의 교류가 공방 운영이나 작업에 어떤 영향을 주었는지도 궁금합니다.

마미공방 어떤 작업을 하고 있는지 어떻게 지내는지 알아주시는 분들이 많아서 오랫동안 출근하지 않으면 무슨 일이 있었냐고 물어봐 주시기도 하고, 언제나 응원 가득 담긴 인사말을 건네주시기도 해요. 늘 내 편이 되어주는 팬들이 가득한 느낌이라서 걱정 없이 마음껏 하고 싶은 것들을 내놓을 수 있어요.

에디터 앞으로 성북동길이 어떤 장소로 기억되거나 변화하길 바라시나요?

마미공방 재개발 이슈가 있는 장소라 앞으로 어떤 방향으로든 큰 변화를 겪게 될 것 같아요. 하지만 그 날이 오기 전까지 근처에 계신 분들과 즐겁게 재미있는 일들을 많이 만들어보고 싶어요. 지금까지 그래왔듯이 저만의 방법으로 힘을 빼고 부드럽게 유영하면서 유연하게 이 공간을 지켜나갈 예정이에요.

香, 꽃피우다

모든 순간의 향기
서른 개의 향과 서른 개의 마음

김민경 지음 | 값 15,000원

가미공방

ATELIER
SHOP
CLASS

www.g-mamie
gukwa.blog.me
guzwa
atelierdumamie

interview
스테인드글라스 공방
하늘빛아뜰리에

에디터 안녕하세요, 대표님. 하늘빛아뜰리에는 어떤 곳인가요?

하늘빛아뜰리에 안녕하세요. 성북동에서 스테인드글라스 공방 '하늘빛아뜰리에'를 운영 중인 주수진입니다. 스테인드글라스로 조명, 창문, 소품 등을 주문 제작하고 판매하며, 원데이클래스를 비롯한 취미반 마스터반 등의 수업을 하고 있습니다. 개인 작품활동도 병행하고 있습니다.

에디터 스테인드글라스라는 재료와 작업을 선택하게 된 계기가 궁금합니다.

하늘빛아뜰리에 사진 찍는 일을 줄곧 해왔습니다. 만드는 것을 좋아하다 보니 내가 만든 세트와 소품으로 촬영하고 싶어서 독립해서 사진관을 운영했습니다. 그러다 우연히 보게 된 스테인드글라스에 한눈에 반해 배우기 시작했어요. 이것 역시 빛이 있어야 더 빛난다는 점에서 사진과도 통하는 게 있다고 느꼈습니다. 처음엔 촬영에 쓰일 작은 소품만 한 개 만들 생각으로 시작했지만, 나중에는 가게의 모든 조명, 창문을 스테인드글라스로 바꾸고 싶다는 욕심까지 생기더라고요. 그래서 본격적으로 일 년 넘게 배워 마스터 과정까지 수료하게 되었습니다.

에디터 성북동에 자리 잡은 지 10년 정도 되신 걸로 알고 있습니다. 처음 성북동을 선택하게 된 계기와, 이곳에서의 시간이 대표님께 어떤 의미로 다가왔는지 궁금합니다.

하늘빛아뜰리에 다른 곳에서도 사진관을 했었지만, 성북동에서만 13년째 하고 있고, 공방으로 자리 잡은지도 10년 가까이 되었네요. 지금은 사진관은 잠시 휴식 기간을 가지고 있어요.

오래되어 시간이 켜켜이 쌓인 것들을 좋아합니다. 성북동은 그런 동네 중 한 곳이었고요. 처음의 분위기와는 조금 달라지긴 했지만, 여전히 따뜻하고 정감 있고 고즈넉한 분위기에 시간이 천천히 쌓이는 느낌을 주는 편안한 동네입니다. 성북동은 제가 좋아하는 우리동네입니다. 놀러 온 친구한테는 항상 우리 동네 자랑을 빼놓지 않고 얘기할 정도로 이곳에 자리 잡고 있다는 사실을 뿌듯해하고 있습니다.

에디터 성북동길이 어떻게 변해왔다고 보시는지도 듣고 싶습니다.

하늘빛아뜰리에 10년 전에는 오래된 가게들이 드문드문 있고 토박이 어르신들이 많이 다니는 오래된 조용한 동네란 느낌이 컸는데, 지금은 골목 안쪽으로 점점 다양한 가게들이 많이 들어서고 젊은 층의 방문도 눈에 띄게 늘어 났어요. 다양한 문화 행사들이 주기적으로 이뤄지고 점점 많아지는 추세로 유동 인구도 많아진 것 같습니다. 지금은 많이 북적북적하고 활발해진 느낌입니다. 문화적으로도 가치가 있는 동네인데 그런 것들을 유지하면서 변화가 된 느낌이라 긍정적으로 생각하고 있습니다.

에디터 스테인드글라스는 대표님께 어떤 의미로 다가왔는지도 듣고 싶습니다.

하늘빛아뜰리에 스테인드글라스의 매력은 작업 과정에서 다양한 도구를 사용하고 여러 재료를 접목할 수도 있으며, 평면에서 입체까지 모두 표현할수 있다는 것인데요. 만들 것이 무궁무진하다는 점에서 만들기의 종착점이라 생각까지도 하고 있습니다. 처음엔 단순히 사진 작업에 부수적으로 도움을 주기 위한 목적으로 배운 것들 중의 하나였지만, 지금은 제2의 직업으로 삼고 하고 있으며 앞으로는 사진과 스테인드글라스 두 개를 잘 접목해 보려고 하고 있습니다.

에디터 운영에서 어려움이 있었다면요?

하늘빛아뜰리에 자영업자의 큰 어려움은 자가가 아닌 이상은 매월 내야 하는 월세에 대한 부담이 아닐까 싶습니다. 수업과 주문 제작을 병행하고 있지만, 이 분야 자체가 기본적으로 채워져야 하는 의식주나, 인테리어에서도 필수적인 요소에 해당하는 것이 아니다 보니 경제 상황이 안 좋아지면 제일 가깝게 타격을 입게 되는 것 중 하나인 것 같아요. 주인 분을 잘 만나 여태껏 버티고는 있는데요. '그냥 버티는 게 답이다' 생각하고 극복이 아닌 함께 가는 중입니다.

에디터 지역 주민이나 다른 소상공인, 예술가들과 협력하거나 교류하신 경험이 있으신가요?

하늘빛아뜰리에 한 동네에 오래 있으면서 서로 왕래하며 친하게 지내게 된 지역상점 사장님들과의 친분으로 사진관을 할 때는 도자 작가님의 작품 사진 촬영을 하기도 했고, 스테인드글라스 공방을 하면서는 가게의 창문이나 조명, 간판 등의 제작 의뢰를 받아 진행하기도 했습니다. 성북구나 성북문화재단 등 여러 단체에서 진행하는 각종 행사에 적극적으로 참여해서 지역 주민과 소통하기도 하고 다른 소상공인들과 직·간접적으로 교류하기도 합니다.

에디터 앞으로 하늘빛아뜰리에를 통해 꼭 해보고 싶은 프로젝트나 새로운 시도가 있으신가요?

하늘빛아뜰리에 제가 시작했을 때에 비하면 최근엔 스테인드글라스가 많이 알려지고 공방도 많이 생기긴 했지만, 아무래도 스테인드글라스가 우리나라에서는 목공예나 도자공예처럼 오랫동안 자리 잡은 공예 분야가 아니다 보니, 아직은 대중적으로 낯설고 접근하기도 쉽지 않은 것 같습니다.

스테인드글라스 공방으로 이곳에 자리잡은 지 10년이 다 되어가는 만큼 성북동에서만이라도 스테인드글라스 작품이 랜드마크가 될 수 있게 멋진 작품을 만들어서 알리고 싶은 마음속 꿈이 있습니다. 그리고 지역 예술가분들과의 협업을 통해 전시 같은 다양한 활동도 가능하다면 하고 싶습니다.

에디터 마지막으로, 성북동길은 대표님께 어떤 의미가 있는 곳인지, 어떤 길이 되기를 바라시는지도 말씀 부탁드립니다.

하늘빛아뜰리에 처음 이 동네, 이 골목을 좋아했던 이유 중 하나가 한적하다는 것도 있었는데요. 지금은 그 한적함이 조금 사라지긴 해서 아쉽긴 합니다만, 골목 상권이 살아나기 위해서는 더 많은 분들이 찾는 흥미로운 곳이 되어야겠지요. 물론 생동감 있는 골목의 느낌도 좋긴 합니다만, 너무 북적이고 뜨내기들만 왔다 갔다하는 그런 곳이 아닌 진득하게 이 동네를 진정으로 느끼고 좋아하는 분들이 여유롭게 찾아올 수 있는 동네로 계속 유지가 되면 좋겠다는 생각을 합니다.

interview
정유정 도예작업실

에디터 안녕하세요, 작가님. 먼저 간단하게 자기소개 부탁드립니다.

정유정 도예작업실 저는 백자 문방구 작업을 하는 도예 하는 정윤정이라고 하고요. 성북동에서 도자기 공방을 운영하고 있습니다.

에디터 작가님 인터뷰에서 일상 속 소소한 감정과 경험을 작품으로 표현하신다고 들었어요. 그중 대표적인 작품을 하나 소개해주실 수 있을까요?

정유정 도예작업실 제가 「사계의 바람」이라고 하는 연필깎이를 만든 게 있었는데요. 조선시대 먹통의 형상에 착안해서 제작했는데, 연필이 꽂히는 꽃이 부분에 작은 장식이 있습니다. 사계절을 표현하는 아주 작은 장식이거든요. 그런 것들이 여행 갔다와서 느꼈던 것들을 사계절에 담은 거예요.

가을 바람. 그러니까 사계의 바람이라서 가을 바람 같은 경우에는 제가 가을에 여행을 가서 봤던 '억새'의 느낌을 자연스럽게 표현을 한 건데요. 그게 이미지적으로 '억새다'라고 딱 느껴지지 않는데 저는 그런 식으로 표현하는 것 같아요.

에디터 특히 백자처럼 제한된 재료와 색을 사용하는 과정에서 느끼는 어려움과 동시에 발견한 가능성은 무엇이었나요?

정유정 도예작업실 어려움이라고 하면, 표현하는 것에 있어서 색을 쓰면 무언가 추구하는 방향이 확실하게 보일 수가 있는데 백자는 그렇지 않아서요. 어떻게 보면 마치 시처럼 함축적인 느낌이 들어가 있다고 생각하거든요. 내 생각이나 감정 같은 것들을 많이 담기보다는 그런 것들을 조금 정제하고, 절제를 많이 해서 덜어내는 방식으로 표현하는 것 같아요.

그게 장단이 있을 텐데, 저는 예전에 조형 작업을 했었어요. 시각적으로 한눈에 들어오는 작업을 주로 했었는데 그게 너무 표현에 치중하는 것 같다는 생각을 많이 하게 되었어요. 그 계기로, 백자로 전향한 한 케이스인데요. 내가 생각하는 것을 단순화시켜서 표현하는 게 조금 더 저에게 잘 맞는다고 생각하고, 내가 말하고자 하는 바를 전달하는 데 있어서 조금 더 좋은 것 같다는 생각했어요.

에디터 다양한 생활용품 중에서 사무용품을 작품의 모티브로 삼은 이유가 무엇인가요?

정유정 도예작업실 저는 일상에 있는 모든 것에는 가치가 있다고 생각을 하거든요. 그 중에 데스크 공간 안에서 일어나는 것들이 인생에 있어 굉장히 큰 부분을 차지한다고 생각해요. 책을 읽거나 글을 쓰거나 하는 행위들이 그 사람의 인생에서 가장 중요한 것 중 하나라고 생각해서 데스크 공간 안에서 이야기를 풀어나가야겠다고 생각했어요. 데스크 공간 안에서 사용하는 것 중 장식성과 사용성을 고루 갖춘 것들이요.

예전에는 정말 딱 봤을 때 문구류다! 싶은 것들을 만들었는데 점점 마그넷, 문진과 같이 오브제처럼 보이기도 하고 사용할 수도 있는 것들로 조금 변했거든요. 그래서 이후에도 사용할 수 있으면서 장식도 되는 것. 기존에 있는 건데 조금 다른 느낌의 사무용품을 저만의 아이디어 넣어서 계속 만들어보고 싶긴 해요. 반복이나 나열을 통해서 오브제처럼 보이는 형식을 사용해서 특색있는 작업을 이어 나가고 싶어요.

에디터 도자 작가로서 자신의 재능을 통해 사회에 기여하는 일에 보람을 느끼신다고 말씀하셨습니다. 프로젝트 '파릇파릇'은 어떤 프로젝트였나요?

*'파릇파릇'은 정유정 작가가 시작하여 2013년부터 재능 기부에 동참하자는 마음으로 화분을 제작·판매해 그 수익금을 해외 어린이에게 전하는 프로젝트이다.

정유정 도예작업실 '파릇파릇'이 계속 이어졌으면 좋았을 텐데, 3차까지 진행하고 그 이후에는 못해서 그게 조금 아쉽긴 하네요. 예전부터 저는 사회에 기여하는 작업을 하고 싶다고 생각해 왔어요. 개인적인 이야기지만 여행 가서 겪은 경험이 계기가 되어 나눔을 해야겠다고 다짐을 했어요. 얘기하자면 굉장히 긴데 얘기를 더 해드리는 게 맞을까요?

에디터 네, 듣고 싶어요.

정유정 도예작업실 그 당시에 제가 라오스 여행 갔을 때 물놀이를 했어요. 물놀이 후에 간식으로 빵을 나눠주셨는데, 같이 갔던 저희 동행분들은 다 너무 배불러서 지나가는 오리한테 나눠주던 와중에 어떤 아이가 빵을 훔쳐 간 거예요. 우리는 배가 불러서 오리, 닭에게 나눠주고 남은 빵을 옆에 뒀는데, 그 현지 아이는 그것을 먹고 싶어서 훔쳐 간 거죠. 그걸 알게 된 후에 아이를 불러서 가진 빵을 모두 챙겨 줬는데 그때 내가 여기 와서 뭐 하고 있는 거지? 이런 생각을 했었던 것 같아요.

제가 화분 만드는 것을 좋아했었거든요. 그래서 화분을 판매해 남는 수익으로 나눠줘야겠다는 생각을 하게된거죠. 그 당시에 들었던 미안한 마음과 깨달음이 계기가 돼서, 내가 만든 것으로 나눔을 하면 좋겠다고 생각했어요. 프로젝트 이름이었던 '파릇파릇'과도 의미상으로 맞닿아 있는 것 같아서 그렇게 시작하게 되었는데 같이 하고 싶다는 분들이 모이게 되었어요. 두 번째로 진행했을 때는 캄보디아의 아동 센터에 같이 가게 되었는데 그곳에는 미술 교육이 없다는 얘길 전해 듣고 미술 교육을 진행했어요. 도자기도 빚고, 그림도 그리면서 그 안에서 전시도 하는 등 여러 수업을 하게 됐어요. 경비는 거의 화분 판매 수익으로 충당했고요.

세 번째로 진행했을 때는 다른 분야의 분들이 합류하셔서 네팔에 다녀왔어요. 그곳에서 도움이 필요한 걸 여쭙고 소개받아 찾아간 학교에서 학생들에게 필요한 학용품을 나눠주었어요.

이 외에도 국내의 어려운 학생들도 돕고 싶어서 한국의 복지관에도 필요한 것을 여쭤보고 학용품을 보내드린 적이 있어요. 그 이후로 더 해야 했는데 이런 방식으로는 더 하지 못했고, 지금은 클래스로 나눔을 지속하고 있어요.

1주년 이벤트처럼 클래스를 진행해요. 도움이 필요하시거나 수업하고 싶으신 분들을 모집해서 무료 클래스를 진행하고 있는데 제가 할 수 있는 방식으로 나누는 것을 계속하고 싶어요.

에디터 과정에서 어떤 보람을 느끼셨나요?

정유정 도예작업실 캄보디아나 네팔에서 본 아이들을 떠올려보면, 아이들이 굉장히 좋아했어요. 저는 거기에 엄청 큰 의미를 부여하기보다는 따뜻한 시선이나 관심을 한 번이라도 더 주는 게 가장 의미 있는 것 같아요. 다른 나라에 온 사람들이 본인들에게 관심을 보여주는 거잖아요. 후에 들려온 소식으로는 저희가 한국어를 가르쳐줬던 아이 중 한 명이 한국에서 교사가 되었다고 들었어요.

에디터 '로컬 브랜드'만의 차별점은 무엇이라고 생각하시나요?

정유정 도예작업실 다들 본인만의 스토리가 있는 것 같아요. 누군가가 이미 하고 있는 것을 따라하기 보다는 자기가 원하고 추구하는 방향에 따라서 하시는 분들이 주변에 많으신 것 같아요.

에디터 이곳에 자리를 잡게 된 계기가 있으실까요?

정유정 도예작업실 네, 그냥 분위기나 기운이 저와 너무 잘 맞았고, 조용하고 문화적이면서 유서 깊은 곳들도 굉장히 많잖아요. 그래서 심리적으로 차분해지는 것 같아요.

어느 지역에 가면 느껴지는 감정들이 있잖아요. 여기는 굉장히 차분해지고 평온해진다고 해야 하나. 사실 제가 예전에 이곳에 공방을 차리고 싶었는데 공간이 없어서 다른 지역에 있다가 기회가 돼서 다시 이곳에 오게 된 거거든요. 그래서 확실히 저랑은 잘 맞는 것 같아요.

에디터 지역 주민이나 다른 소상공인들과 협력하는 경우가 있나요?

정유정 도예작업실 '선잠 서울'이라는 성북동의 카페와 협력한 경험이 있어요. 이 카페의 컨셉을 살려서 컵과 접시를 만들었고, 제가 만든 컵과 접시를 그곳에서 사용도 하고 판매도 하고 있어요.

에디터 어떻게 하게 되신 건가요?

정유정 도예작업실 인테리어 회사를 운영하시다가 사무실로 쓸 겸해서 카페를 운영하게 되셨다고 들었는데 그중 한 군데가 성북동이었고, 그분들이 성북동에 계신 작가분들과 협업하면 좋겠다는 취지로 컨택이 이루어졌어요. 여기 바로 건너편 오는 길에 공방 보셨나요? 그분도 선잠 카페 협력으로 컵을 만드셨어요.

에디터 마지막으로, 성북동길은 대표님께 어떤 의미인가요?

정유정 도예작업실 문화 예술적인 것들이 모여 있고, 고즈넉하고 내 마음을 차분하게 해주는 그런 느낌이 들어요. 조용하면 사람이 많이 안 오거나 소비를 안 할 거라고 생각했는데, 이 동네는 조용하지만, 예술을 즐기는 분들이 많이 찾아오시고 소비도 이루어지는 이런 것들이 되게 좋은 것 같아요.

2025.08.31 성북동길에서 머문 에디터의 시선들
더 많은 성북동길 이야기는 **인스타그램 @sbd_gil** 에서 만나실 수 있습니다.

Folk 생활

서울 크로노토프	**134**
모두의 권리, 모두의 디자인	**148**
골목마다 스민 이야기	**150**
더 큰 꿈을 위한 도약	**160**
interview 지속가능한 커리어, 박효진	**162**
interview 1인 미디어 사업가, 전성빈	**168**

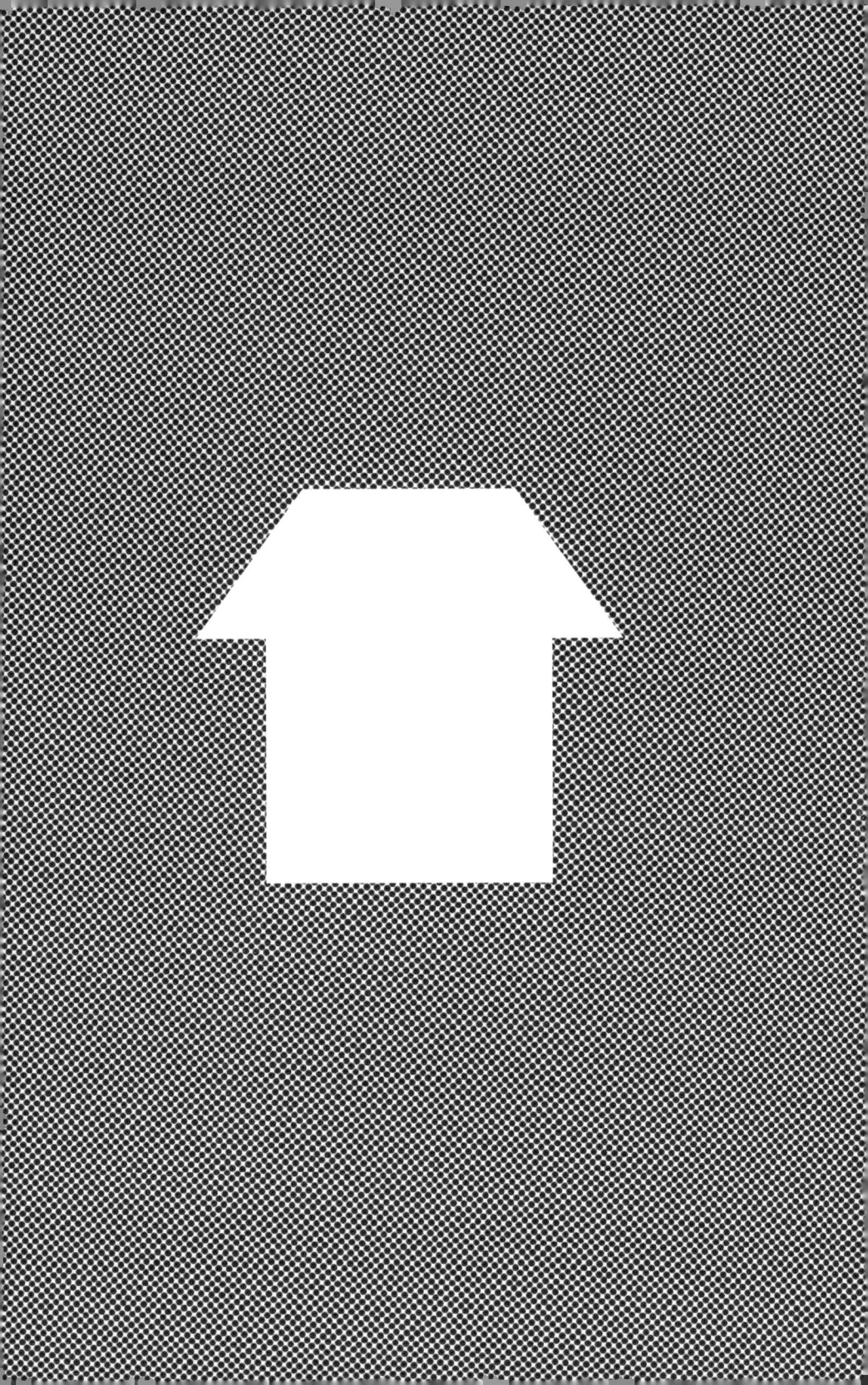

Seoul Chronotope
: Everything Everywhere All in SEOUL

서울 크로노토프: 모든 것, 모든 곳의 모든 이야기가 서울 안에서

에디터 서효원

- Synopsis -

철학자 미하일 바흐친은 '크로노토프(chronotope)'라는 개념으로 공간과 시간이 서로를 드러내는 방식을 설명했다.

서울이라는 공간 또한 단순히 장소가 아니라, 시대와 개인의 이야기가 겹겹이 축적된 시간의 무대다.

결국 지금의 서울은 수많은 선택과 가능성이 교차하며 만들어진 하나의 크로노토프라 할 수 있다.

에브리씽 에브리웨어 올 앳 원스가 보여준 건 수많은 갈래의 가능성 속에서 결국 지금의 나를 만든 모든 선택에 가치였다.

세상에 '그냥'이라는 것이 존재할 수 없는 것처럼 우리가 살고 있는 서울 역시 마찬가지다.

무수한 생각과 취향이 겹겹이 쌓여 지금의 서울이라는 하나의 버전을 만들었다.

평소 오락 영화보다는 전하고자 하는 메세지가 확실한 영화를 좋아한다.
나에게 있어 가장 큰 울림을 줬던 영화는 다니엘 콴 감독의 <에브리씽 에브리웨어 올 앳 원스>이다.
다소 난해하다고 느낄 수 있지만, 그럼에도 꼭 시도해보는 것을 추천한다.
그럼에도 선뜻 손이 가지 않는다면, 일단 명대사들을 읽어보는 것을 권한다.

어쩌면 다른 메타버스의 서울은 또 다른 모습을 하고 있을지도 모른다.
하지만, 우리 모두가 만든 서울인 만큼 이보다 더 우리를 잘 표현할 수 있는
서울도 없지 않을까?라는 생각이 이 '고유한' 서울을 더 뜻깊게 만든다.

무수한 생각과 취향을 담고 내가 좋아하는 서울의 공간들을 소개한다.

무비랜드

서울 성동구 연무장길 5-5
성수동에서 만나는 아메리칸 빈티지 영화관

무비랜드는 성수동에 위치한 작은 영화관으로
우리가 흔히 아는 대형 영화 플랫폼과는 거리가 멀다.
외관부터 아늑한 나무 소재와 질감이 가득한 빈티지함을 더해주는 콘크리트까지.

이곳은 '모베러웍스'라는 브랜드에서 직접 만들고 운영하고 있는 영화관이다.
매달 큐레이터를 선정하여 그 사람이 좋아하는 오래된 영화들을 상영한다.

모든 영화 포스터와 티켓은 다시 디자인하여 제공된다.
이러한 디테일들이 공간에 대한 몰입도와 통일성을 제공했다.
사실 공간만 봐도 정말 '진심으로 이 공간을 생각하구나'라는 생각이 들지만,
영화 상영에 앞서 나오는 영화 광고들과 영화 에티켓 영상까지
어느 한 군데 허투루 만든 곳이 없었다.

운영 비용을 줄이고자 많은 부분이 모바일과 비대면으로 이루어지고 있는 요즘,
이 곳에서는 직원이 티켓을 제공하고 간단히 영화관 이용 방법을 알려준다.
심지어 영화 상영 전에 영화가 시작할 것이라고 이야기해준다.
상영관 자체도 총 30석이라 작은 편이라 아늑하고,
무엇보다 이 곳에 영화를 보기 위해 모인 나와 비슷한 생각을 가진 사람들이라
생각하니 오랜만에 느끼는 연대감이 기억에 남았다.

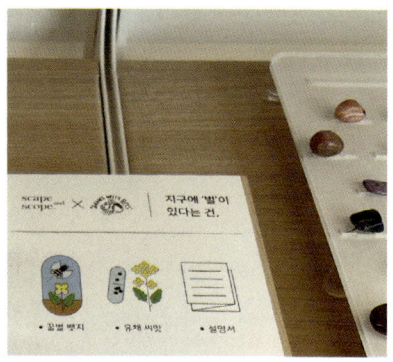
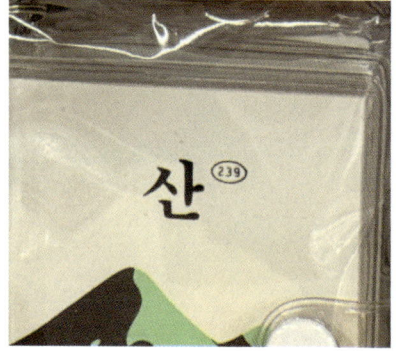

오브젝트 서교점

서울 마포구 와우산로35길 13

다양한 취향을 만나볼 수 있는 특별한 공간

홍대입구역 인근에 있는 이 곳은 지하철역에서 나와 경의선숲길을 따라 걷다보면 만날 수 있다. '현명한 소비의 시작'이라는 슬로건을 내건 오브젝트는 우리는 매일 많은 것들을 소비하고 살고 있지만, 그 소비들이 자연과 동물, 사람 모두에게 이로운 소비가 되었으면 하는 고민을 하는 브랜드이자 공간이라 스스로 소개한다.

그래서 우리는 이곳에서 많은 소규모 창작자들의 개성있는 제품들을 쉽게 응원할 수 있고, 쇼핑백, 택배박스 등을 재사용하며 환경을 생각하고, 물물교환을 통해 타인과의 특별한 소통을 할 수 있는 기회를 가질 수 있다.

보통 1층에서 다양한 브랜드의 팝업스토어가 진행되고, 그 외의 층들에서는 오브젝트에 입점한 다양한 브랜드들의 상품들을 만나볼 수 있다. 자주 방문하다보니 상품들이 그때마다 많이 바뀌어있지는 않지만, 그럼에도 각 브랜드가 추구하는 개성이 뚜렷한 상품들로 가득하다. 좋아하는 지인들의 선물을 사러 갈 때 자주 방문하곤 한다. 지역 기반의 제품도 많아, 취향과 가치소비를 동시에 충족시켜주는 공간으로 추천하고 싶다.

마이페이보릿

서울 마포구 양화로11길 18 지층

나를 표현할 수 있는 단어가 되는 취향을 만들고 싶다면

이 곳은 마이페이보릿 대표님이 영화와 관련된 좋아하는 것들을 판매하는 곳이다. 대표님의 표현을 빌리자면, 단순한 영화 굿즈샵이 아닌 영화가 일상 속에서 다시 살아나는 작은 영화관 같은 곳이다.

영화가 끝나도 여운은 남는다. 마이페이보릿은 그 여운을 물리적인 물건과 경험으로 이어주는 장소이다. 취향이 우리 일상 속으로 들어올 때, 우리는 또 하나의 '서울적인 크로노토프'를 갖게 된다.

공식 굿즈들을 중심으로 구성되어 있어 가격대가 다소 높게 느껴질 수 있지만, 창작자들에게 도움이 된다고 생각하면 충분히 납득할 수 있다. 무엇보다 이곳에는 단순한 굿즈를 넘어, 영화와 연결된 서적, 포스터, LP 등 감각적인 아이템들이 즐비하다. 영화에서 느낀 감정을 일상 속으로 가져오고 싶은 사람이라면, 지갑이 허전해질 것을 감수하더라도 마음껏 탐험해볼 만하다. 참고로 할리우드 영화와 같이 많은 팬덤을 보유한 영화 뿐만 아니라 넷플릭스 시리즈, 지브리, 귀멸의 칼날 등 다양한 장르를 만나볼 수 있어 다양한 취향을 존중한다. 운영 시간이 요일마다 많이 다르기 때문에 미리 방문하고자 할 때 알아보고 가는 것을 추천하며, 내부 사진 촬영은 가능하지만 영상 촬영은 불가하다는 점을 숙지하자.

포스트 포에틱스

영업 종료 (서울 용산구 이태원로54길 19)
다양한 표현과 언어로 만나는 문화

해외 아트북을 주로 판매하던 매니아층이 강한 서점이었다. 지난 5월 4일 방문했었는데, 이때 이미 영업 종료가 곧 된다는 소식을 듣고 방문을 했던터라 기억에 더 남는 '취향 공간'이다.

시선마다 보이는 책장에는 글보다는 이미지와 디자인 중심의 아트북들이 빼곡했고, 각기 다른 언어로 쓰인 책들은 공간에 특별한 감각을 더해주었다. 조경과 원예를 전공한 나에게는, 국내에서는 좀처럼 보기 어려운 식물과 공간을 예술적으로 풀어낸 책들을 만날 수 있었던 곳이라 더 특별했다.

이태원이라는 다문화적 배경과 어울리던 공간답게, 포스트 포에틱스는 낯설지만 매혹적인 언어와 표현들로 가득했다. 지금은 사라졌지만, 이곳이 남긴 미적 영감과 기억은 여전히 많은 이들의 취향 레이어 한 겹을 올렸다.

2025년 6월 29일을 마지막으로 영업을 종료했으며, 현재는 공식 인스타그램 계정(@postpoetics)을 통해 여전히 그 흔적을 엿볼 수 있다. 사라진 공간이지만, 그 흔적까지도 서울이라는 도시의 시간성을 보여주는 하나의 장면으로 남아 있다.

영화 '에브리씽 에브리웨어 올 앳 원스'에서 보여주듯,
무수한 선택과 갈래의 총합이 지금의 나를 만든다. 서울 역시 마찬가지다.
다른 버전의 서울이 존재할 수도 있겠지만, 우리가 함께 만들어온 현재의 서울만큼
우리를 잘 설명해주는 공간도 없다.

그렇기에 서울은 단순한 도시가 아니라,
우리 모두의 선택과 취향, 삶이 집합된 거대한 멀티버스다.

우리는 쉽게, 우리가 사회에 큰 영향을 줄 수 있다는 사실을 잊어버린다.
그러나 서울 곳곳에서 하나하나의 개인이 만든 작은 이야기들이
삼삼오오 모여 지금의 문화를 만들었고, 결국은 서울이라는 도시 자체를 완성해왔다.

결국 서울의 얼굴은 거대한 자본이 아닌, 우리 모두의 일상과 선택에서 태어난다.

모두의 권리, 모두의 디자인

에디터 서효원

도시는 누구를 중심에 두고 발전하는가. 도시는 원래 친절하지 않다.
누군가에게는 당연한 것이, 또 다른 누군가에게는 절대 당연하지 않다.
누구나 아는 사실 또한 누군가에게는 그토록 알고 싶은 것일지도 모른다.

걷기 편한 보도블록, 넓은 화장실 손잡이, 누구나 읽을 수 있는 안내 표지판.
우리에겐 당연한 일상처럼 보이지만, 도시는 이유 없이 돈을 쓰지 않는다.
바로 그렇기에 누군가에게는 계단 몇 개가 세상과 단절을 만들고, 외출이 불가능해지기도 한다.

결국 도시를 구성하는 디자인은 생존의 문제와 직결된다.

유니버설디자인(Universal Design)은 특정한 누군가만을 위한 것이 아니다.
우리 모두를 위한, 누구나 편하게 사용할 수 있는 디자인이다.
스스로에게 물어보자. 누군가의 도움 없이 평생 도시에서 살 수 있을까?

배려가 필요하다고 생각하는 사람들만이 아니라,
평범하다고 불리는 우리 모두를 유니버설 디자인은 포함한다.
유니버설디자인은 특혜가 아니라, 모두가 누려야 할 보편적 권리다.

결국 "모두의 권리, 모두의 디자인"은 거창한 구호가 아니다.
도시에서 하루를 살아내는 모든 시민에게 가장 현실적인 필요이자,
우리가 지향해야 할 근본적인 기본값이다.

바쁘게 흘러가는 서울의 일상 속에서도,
우리는 여전히 발길 닿는 골목에서 추억을 마주하곤 한다.
도시 한복판에서 지속 가능한 변화를 꿈꾸는 이들이
만들어가는 특별한 공간들이 있다.

지역의 문화와 역사를 품고,
도시 재생의 가치를 실현하며
지역 주민들과 함께 숨 쉰다.
때로는 낯선 문화를 소개하고
사회적 가치를 추구하며
따뜻한 손길을 건네기도 한다.

낡은 것을 부수고 새로운 것을 짓는 대신,
오랜 시간 그 자리를 지켜온 이야기들이
켜켜이 쌓인 골목을 손잡고 걸어보자.

심세정

위치 : 서울 중구 퇴계로 409-11 1층
사이트 : www.instagram.com/cafe.simsejeong

신당동은 레트로 감성을 자극하는 가게들이 하나 둘 문을 열며 분위기를 바꿔 왔다. 골목의 오래된 간판과 벽돌이 남긴 시간 위로 새로운 활기를 불어넣은 이 동네를 사람들은 '힙당동'이라고 부르기 시작했다. 그 변화의 한가운데 카페 심세정이 있다. 앞에는 오피스텔이 줄지어 있고, 뒤에는 아파트 단지가 이어지는 생활권 골목 사이에 유독 오래된 한 건물이 시선을 끈다. 한때 신당동 싸전거리에 자리했던 미곡 창고 '동광상회'가 베이커리 카페로 재탄생한 곳이 바로 심세정이다.

외관만 보면 붉은 벽돌이 만든 낡고 단단한 인상이 먼저 다가온다. 큰 간판도 없이 한자로 새겨 넣은 세 글자와 골목 사이로 들어와야만 보이는 모습이 담백하게 느껴진다. 문을 열고 들어서면 세련된 베이커리 카페의 모습을 갖추고 있다. 그럼에도 높은 층고와 드러난 벽돌, 구조의 일부는 곡식 창고였던 과거가 또렷하게 남아 있음을 실감하게 한다. 모두 새것으로 덮기보다 필요한 만큼만 살린 선택이 이 공간을 더욱 특별하게 만들어준다.

신당동의 변화는 몇 년 사이 주목받았던 을지로나 성수동의 흐름과 닮았다. 특정 지역이 핫 플레이스가 될 때 중요한 지점은 역사를 지우지 않고, 골목과 건물에 남은 흔적을 존중하며, 옛 감성과 현대적인 사용을 공존시키는 태도에 있다. 심세정은 그 태도를 증명하는 공간이다. 과거의 용도를 가리지 않으면서도 카페라는 새로운 구성이 어색하지 않고 자연스럽다.

'재생'의 관점에서 오래된 것을, 무엇을 남기고 무엇을 바꿀지에 대한 실천이 보이는 곳이다. 소비는 단순히 취향을 드러내는 수단에서 그치는 것이 아니라, 동네의 시간과도 이어진다. 심세정은 신당동이 왜 '힙당동'이 되었는지 분명하게 보여 준다. 골목의 분위기를 한 공간에 자연스럽게 모아주고, 낡음과 새로움이 만나 서로의 가치를 더 빛나게 한다. 붉은 벽돌이 간직한 기억과 세련된 카페의 편안함이 겹친 이 공간이 증명하는 가치 있는 모습이 또 어떻게 변해갈지 계속 지켜보고 싶다는 기대가 깃든다.

사직동 그 가게

위치 : 서울 종로구 사직로9길 18

사이트 : https://m.blog.naver.com/rogpashop

종로 서촌의 사직단을 둘러싼 돌담길을 따라 천천히 올라가다 보면, 어릴 때 동네 골목 모퉁이에 하나쯤 자리하던 작은 슈퍼 같은 공간이 시야에 들어온다. 사직동 그 가게는 티베트 감성이 담긴 식당이다.

2010년 3월, 록빠*의 한국 자원활동가들이 출자금을 모으고, 손수 페인트칠과 단장을 거듭해 가게를 완성했다고 한다. 시작부터가 '함께 만든 공간'이었고, 지금까지도 운영비를 제외한 수익금 전액은 티베트 난민 지원 프로젝트에 쓰인다. 이곳에서 마주하게 될 한 끼가 누군가의 내일을 지탱하는 힘이 된다는 사실이 따뜻한 온기가 되어 공간을 감싸고 있다.

이곳은 단순히 밥을 먹고 나오는 식당이 아니다. 예스러운 주택 구조를 최대한 보존한 채, 빨간 벽돌 출입구를 지나 안으로 들어서면 이국적인 향기가 펼쳐진다.

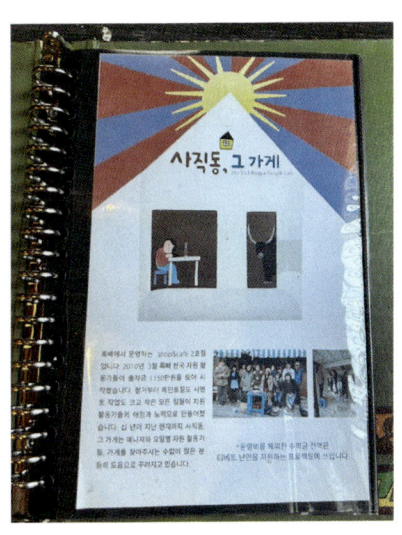

사직동 그 가게의 주메뉴는 인도 커리다. 메뉴에는 전분이나 밀가루, 시판용 페이스트, 조미료를 일절 사용하지 않는다고 한다. 그래서인지 깔끔하고 재료 본연의 풍미가 명확하게 드러나는 담백한 맛을 느낄 수 있다. 비건 메뉴들과 함께 비정제 유기농 설탕을 사용해 직접 개발한 레시피로 만든 짜이도 판매하고 있다.

식사를 마치면 음식점과 맞닿아 있는 소품샵으로 자연스레 발걸음을 옮기게 된다. 다양한 수제 소품들 사이사이에 룩빠의 설립 취지를 담은 '평화 책꾸러미'가 놓여 있고, 난민 아이들을 돕기 위한 '평화의 책장'도 마련되어 있다. 세상 모든 아이들의 평화를 바라는 마음이 모여 채워진 응원의 말들이 책처럼 겹겹이 쌓여 있는 모습이 인상 깊었다. 이곳에서는 음식도 물건도 단순한 소비를 넘어 작은 연대로 연결된다는 사실을 체감하게 된다.

사직동 그 가게는 지역의 시간과 세계의 이야기가 교차한다. 서촌의 오래된 골목에 자리 잡아 뼈대를 이루고, 티베트 난민을 향한 연대의 실천이 현재의 의미를 부여한다. 그래서일까, 이곳에서의 식사가 여행처럼 낯설다가도 일상처럼 친근하게 느껴진다. 접시에 담긴 음식처럼 따뜻한 온기가 지구 반대편에도 전달되기 바라는 마음. 작지만, 지속 가능한 선택이 모여 세상이 조금은 달라질 수 있다는 확신이 전해진다.

사직동그가게가 오래도록 이 골목과 함께 자리를 지키며, 우리의 일상에서도 단단한 연대의 방식으로 이어지기를 바라게 된다.

*룩빠: 인도 다람살라 티베트 난민촌을 근거지로 티베트 난민 사회의 경제적. 문화적 자립을 지원하는 NGO 단체

카페 독산

위치 : 서울 금천구 범안로9길 23 2-3층

사이트 : https://www.instagram.com/cafe_doksan

카페 독산은 마치 컨테이너를 연상시키는 듯한 독특한 외관, 그리고 카페보다는 '아트센터 예술의 시간'이라는 간판과 진행 중인 개인전 포스터가 더 크게 걸려 있어 전시장으로 오해하고 지나칠 뻔했다.

4층으로 구성된 이 건물은 2층과 4층이 갤러리 공간, 3층은 카페 공간으로 구성되어 있다. 입구를 따라 2층으로 올라가면 주문 데스크가 나오는데, 주문하고 음료를 기다리는 짧은 시간에도 바로 옆에 마련된 전시 공간에서 예술 작품을 감상할 수 있다. 이곳은 예술이 특정 장소에서 특별한 시간을 내어 누리는 것이 아니라, 삶의 가까운 곳에서 자연스럽게 접할 수 있도록 만들어 둔 점이 특히 인상 깊었다.

3층의 카페 공간은 개방감 있는 구조에 각기 다른 테이블과 식물들이 조화롭게 배치돼 편안하면서도 감각적인 분위기를 자아냈다. 특히 건물 전체에서 느껴지는, 기존의 구조물을 허물지 않고 최대한 살리면서도 현대적인 감각을 더한 공간 재해석이 지속 가능한 가치를 보여주고 있다는 생각이 들었다.

처음 이곳을 방문하는 사람이라면 단순히 전시와 카페를 함께하는 공간으로만 생각할 수 있지만, 카페 독산(아트센터 예술의 시간)은 개관 이래 금천구 독산동의 특색을 살린 지역 기반 프로젝트를 꾸준히 선보여왔다. 특히 2020년에는 구로와 금천구 일대를 심층적으로 리서치한 결과를 예술 작품으로 승화시켜 관람객들에게 선보였다. 예술을 가져와 단순히 전시하는 것을 넘어, 지역의 역사와 사람들의 삶, 그리고 끊임없이 변화하는 도시의 모습을 예술적 시선으로 탐구하고 주민들과 공유하는 과정을 거쳐 '로컬 아트'를 보여준 것이다. 카페가 자리한 독산동이라는 공간이 가진 특수성과 예술의 교차점을 계속해서 찾아가면서 지역 주민들이 자신들의 동네를 예술가의 시선으로 다시 바라보고 애착을 느끼게 해주는 역할을 하고 있다.

이곳은 또한 신진 작가 발굴과 지원에도 힘쓰고 있다. 정기적인 공모를 통해 재능 있는 예술가들을 선정하고, 개인전을 진행할 기회를 제공해 그들의 작품을 소개한다. 특히 카페 독산 건물이 가진 시간의 흔적과 자연스러운 분위기를 살려 벽과 구조물, 빛이 들어오는 창문 등을 활용한 독창적인 전시를 기획하도록 돕는다. 방문했을 때 감상한 전시 역시 4층 공간의 특색을 잘 살린 인상적인 작품들로 가득했다.

'아트센터 예술의 시간'은 예술이 특정 계층에만 국한된 것이 아니라 모두의 삶을 풍요롭게 할 수 있다는 믿음 아래, '예술학교' 프로그램을 운영하고 있다. 어린이, 청소년, 시니어, 일반 성인 등 다양한 연령대와 배경을 가진 참여자들과 함께 진행하며, 예술을 통해 '나'를 돌아보고 '이웃'과 소통하는 경험을 선사하고 있다고 한다. 카페 독산과 아트센터 예술의 시간은 독산동이라는 로컬 안에서 예술을 매개로 사람과 사람이 연결되는 의미 있는 공간을 만들어가고 있다. 이곳은 단순한 카페나 갤러리를 넘어, 지역의 역사와 함께 예술을 그려나가는 공간이 되어 간다.

더 큰 꿈을 위한 도약

에디터 강이서

각자의 시작을 준비하는 청년들이 모이는 도시 "서울"에서,

이 출발점에서 함께 서 있는 마음을 나누고 싶다.

고민을 나눌 동료와 앞으로 나아갈 동력을 얻을 수 있는 구체적인 자원을 소개하고자 한다.

기술, 네트워크, 회복 등 다양한 고민에 대한 해답이 될 수 있는 장소들을 모아,

더 단단한 사람으로 성장하는 여정을 시작해 보자.

이 마음을 담은 기록이 누군가의 첫걸음을

조금 더 견고하게 만드는 발판이 되길 바란다.

출처 :
http://dcamp.kr, https://youth.seoul.go.kr/orang/index.do, https://www.youthcenter.go.kr/, http://sesac.seoul.kr/

디캠프

금융기관이 공동 설립한 은행권청년창업재단이 운영하는 디캠프는 스타트업과 청년 구직자가 자연스럽게 연결되는 커리어 거점이다. 데모데이 등 공개 프로그램을 통해 현직자와 만날 수 있으며, 오픈 라운지와 이벤트 공간을 중심으로 초기·성장 단계의 기업 정보를 한눈에 파악하기 좋다. 현장 피드백을 받을 수 있는 포트폴리오·이력서 등 무료 혹은 저비용으로 참가 가능한 세션이 수시로 열린다. 뉴스레터와 행사 캘린더를 구독하면 더욱 많은 정보를 받아볼 수 있고, 공식 웹사이트에서 모집 공지 등의 최신 정보를 확인할 수 있다.

서울광역청년센터

서울광역청년센터는 서울 전역의 청년정책과 취업 지원 정보를 한 곳에서 안내하는 허브 역할을 한다. 진로 상담, 이력서, 포트폴리오, 심리/법률 연계까지 단계별 지원을 제공한다. 채용 설명회와 직무 특강, 정책 설명 세션이 수시로 열린다. 지역 거점과 연계해 '서울청년센터 ○○'의 이름으로 운영하고 있다. '나의 지역 센터 찾기'를 통해 센터별로 운영 중인 SNS를 구독해 활용하거나 공식 웹사이트에서 관심 정보 받아보기를 통해 최신 정보를 확인할 수 있다.

청년취업사관학교 (새싹캠퍼스)

새싹캠퍼스는 디지털/테크 중심의 집중 실무 교육과 채용 연계를 제공하는 교육 플랫폼이다. 프로젝트 기반 커리큘럼으로 포트폴리오를 단기간에 체계적으로 구축할 수 있으며, 기업 연계 과제와 멘토링으로 실전 역량을 빠르게 쌓을 수 있다. 수강료를 지원하거나 장비 및 공간 제공 등 학습에 몰입할 수 있는 환경이 갖춰져 있고, 다양한 수료 사례도 확인할 수 있다. 지역사회와 파트너십을 형성해 운영하고 있어 현장 수요 기업과의 적극적인 연계와 매칭이 가능하다.

온통청년

온통청년은 청년정책·지원·상담을 한곳에서 안내하는 국가 통합 플랫폼이다. 전국 청년센터와 지역 플랫폼 정보를 연계해 오프라인 거점 탐색과 프로그램 신청이 가능하다. 청년 정책 관련 키워드를 입력하는 상담 챗봇을 활용하거나, 청년 상담실에서 다양한 유형의 상담으로 정보를 얻을 수 있다. 맞춤 정책이나 스크랩 등의 개인화 기능으로 내게 맞는 정책을 찾아볼 수 있고, 공식 웹사이트와 SNS에서 최신 소식을 확인할 수 있다.

interview
지속가능한 커리어, 박효진

박효진은 빠르게 성장하기보다 오래 지속되는 길을 택했다.
트렌드에 휩쓸리기보다, 자신이 지키고 싶은
가치를 중심에 두고 커리어를 만들어 왔다.
그에게 일은 단순한 생계의 수단이 아니라,
사회에 긍정적인 변화를 남길 수 있는 과정이다.

지속가능한 브랜드를 만드는 일,
그리고 그 안에서 자신도 함께 성장하는 일.
그녀가 그려가는 커리어의 방향은 결국
'꾸준히 나답게 일하는 법'을 찾아가는 여정에 가깝다.

Q. 간단히 자기소개와 하고 계신 일에 대해 소개 부탁드립니다.

안녕하세요. 저는 박효진입니다. 저는 지속가능성의 가치를 일과 삶에서 실현하는 것을 중요한 목표로 두고 커리어를 이어가고 있습니다. 이전에는 NGO에서 모금 마케팅과 사회 공헌 업무를 담당하며 다양한 캠페인을 기획했고, 현재는 지속 가능한 패션 소비문화 확산 프로젝트를 리딩하며 브랜드와 문화적 차원에서 새로운 시도를 하고 있습니다.

Q. 지속가능성이라는 가치에 처음 관심을 가지게 된 계기가 무엇인가요?

처음 지속가능한 소셜 임팩트 커리어에 관심을 가지게 된 건 대학 시절 필리핀 해외 선교 봉사였습니다. 봉사 현장에서 내가 가진 자원으로 누군가를 도울 수 있다는 것이 매우 가치 있는 일이라는 것을 깨닫게 되었고, "이왕 일하는 거, 사회의 문제를 해결하는 일을 하자"는 다짐을 한 것이 지금까지 이어지게 되었습니다.

Q. 다양한 분야에 관심을 가지고 행동으로 옮기시는 모습이 인상 깊습니다. 어떻게 흥미 있는 것을 찾고 실천하셨나요?

흥미를 찾는 방법은 단순합니다. 그냥 해보는 것입니다. 처음 보는 음식도 먹어보기 전에는 맛을 알 수 없듯이 특정 분야도 직접 부딪혀보기 전에는 내가 흥미가 있는지 알 수 없습니다. (때론 흥미가 있을 것이라 추측했던 일이 막상 해보면 즐겁지 않은 경우도 종종 있었습니다.)

새로운 일을 앞두고 늘 스스로에게 묻습니다. "죽기 직전 이 도전을 후회할까?" 대답이 "아니요"라면, 그냥 합니다. 그리고 그 과정에서 느낀 불편함이나 즐거움, 배운 점을 기록합니다. 그렇게 글로 정리하다 보면 반복적으로 등장하는 키워드가 보이는데, 키워드와 축적된 내용을 기반으로 나의 장단점, 내가 문제라고 정의하는 것, 관심 가지는 분야를 발견하는 편입니다.

Q. 커리어를 이어오면서 지속가능성이 '꼭 필요하다, 중요하다'라고 느끼신 적이 있으신가요?

소셜 임팩트 분야에서 활동하며 지속가능성이라는 가치가 중요하다는 것을 매 순간 느끼고 있습니다. 사회가 발전하고 다양성이 증가할수록 점점 더 많은 문제들이 발생하고 있기 때문입니다. 예를 들면 패스트패션으로 인한 옷 쓰레기 문제, 문화적 격차로 발생하는 문제들이 있죠. 지속가능성을 추구하는 사람이 이 세상에 한 명도 없다면 어떻게 될까요? 사회의 안녕을 위해선 누군가는 반드시 지속가능성을 추구하는 일을 해야 한다고 생각합니다.

Q. 로컬을 기반으로 한 사업 경험이 있으신 걸로 알고 있습니다. 로컬 비즈니스의 가능성을 어떻게 보게 되셨는지 궁금합니다.

취업 후 서울이 주 생활권이 되며 저의 본가가 있는 안성이라는 지역과 비교를 해보게 되었습니다. 대부분의 기회(교육, 문화, 일자리 등)가 서울에 집중되어 있기에 지역에 사는 청년들은 아무래도 접근성의 기회조차 주어지지 않습니다. 그래서 안성이라는 지역에 클래스와 네트워킹, 문화적 공간, 쉼의 공간이 있으면 좋겠다는 생각에서 사업을 시작하게 되었습니다.

결과적으로는 큰 실패를 맛보기도 했습니다. 하지만 그 과정에서 로컬이 가진 특별한 힘을 배웠습니다. 로컬은 거대한 확장은 어렵지만, 밀도 있고 깊은 관계와 신뢰를 기반으로 성장할 수 있습니다. 결국 로컬 비즈니스는 지역사회와의 상부상조를 통해 내·외부적으로 브랜드 신뢰를 쌓는 것이 가장 중요한 자산이라는 걸 깨닫게 되었습니다.

Q. 다양한 영역마다 지속가능성 실천 방식이 달랐을 것 같습니다. 경험하신 차이점은 무엇이었나요?

큰 틀에서 보면 본질은 같습니다. 사회적 문제를 발견하고, 그것을 해결하기 위한 방법을 고민하는 것. 다만 접근 방식은 조금 달랐습니다. NGO에서는 대중의 마음을 움직이는 공감과 감정의 힘이 중요했고, 기업 사회 공헌에서는 ESG라는 전략적 언어가 필요했습니다. 로컬에서는 주민들이 몸으로 직접 체감할 수 있는 활동이 가장 효과적이었죠. 결국 본질은 같지만, 문제를 다루는 방법을 분야에 따라 달리한다는 점이 가장 큰 차이점인 것 같습니다.

Q. 지속가능성을 실천하는 과정에서 마주했던 어려움은 무엇이었고, 어떻게 극복하셨는지 궁금합니다.

가장 큰 어려움은 "당장 눈에 보이는 결과가 없다"라는 점입니다. 지속가능성은 장기적인 가치라서 프로젝트 한 번으로 사회의 문제를 해결하고 한순간에 세상을 바꾸기란 쉽지 않습니다. 그래서 이 일을 하는 확실한 동기가 필요합니다. 저는 "나의 작은 실천이 단 한 사람에게라도 영향을 미칠 수 있다면 그걸로 충분하다"는 마음으로 지금까지 커리어를 이어가고 있습니다. 그 과정에서 만난 좋은 동료들과 인연들이 제게 큰 힘이 되었습니다.

Q. 커리어를 이어가는 과정에서 지속가능성을 꾸준히 유지하기 위해 지켜온 원칙이나 습관이 있다면 소개해 주세요.

저는 과정이 즐겁고 재미있어야 한다는 원칙을 가지고 있습니다. 물론 힘든 일도 많고 때론 버텨야 하는 시간도 있지만, 내가 흥미 있는 분야라면 결국 끝까지 지속할 수 있습니다. 또 하나의 습관은 기록입니다. 도전의 과정을 기록하다 보면 제가 어떤 길을 걸어왔는지 점검할 수 있고, 그것이 또 새로운 연결을 만드는 출발점이 되기도 합니다.

Q. 후배 세대에게 "지속가능성을 커리어와 연결하는 방법"에 대해 조언해 주신다면 어떤 메시지를 전하고 싶으신가요?

지속가능한 커리어에는 반드시 붙어야 하는 전치사가 있습니다. "FOR" 무엇을 위한 지속가능성을 추구하고 싶은지 스스로에게 많이 질문하고 고민하고 찾아보는 것이 필요합니다. 그냥 내가 중요하게 생각하는 가치가 앞으로도 지속되었으면 하는 일, 사회적으로 문제라고 여겨지는 것이 꼭 해결되었으면 하는 일을 고르면 되는 것 같습니다. 누군가는 환경에 관심을 가질 될 수도 있고, 문화, 자연, 교육, 네트워킹, 전통 등 분야는 정말 다양합니다. 많이 시도해 보시고 그 과정을 기록하면 좋을 것 같습니다.

제가 좋아하는 책 <창조적 행위, 존재의 방식>에는 이런 구절이 있습니다. "실패는 원하는 곳으로 가기 위해 필요한 정보다." 실패를 두려워하지 않고 계속 시도하다 보면, 결국 자신이 지켜내고 싶은 본질적인 가치를 발견하게 될 거라 믿습니다.

Q. 앞으로 커리어에서 꼭 시도해 보고 싶은 지속가능성 관련 목표나 계획이 있으신지도 듣고 싶습니다.

저의 목표는 단순합니다. 지속가능한 브랜드를 꾸준히 만드는 것. 단기적으로는 현재 준비 중인 슬로우 패션 브랜드와 기부 문화 브랜드를 성장시키는 것이고, 장기적으로는 소셜 임팩트 브랜드를 모아 하나의 컴퍼니로 확장하고 싶습니다.

그리고 "지속가능성을 추구하는 일이 멋진 일"이라는 걸 보여주고 싶습니다. 누군가에게는 느리고 비효율적으로 보일지 몰라도, 만들어지는 변화가 결국 사회를 긍정적으로 이끈다는 것을 더 많은 사람에게 알리고 싶습니다!

interview
1인 미디어 사업가, 전성빈

전성빈은 취업 대신 창업을 선택했다.
누군가는 아직 이력서를 쓰던 시기에, 그는 스스로의 회사를 세웠다.
불안과 시행착오 속에서도 좋아하는 일을 일로 만들며, 자신만의 방향을 증명해 왔다.

스스로 일터를 만든다는 건 곧, 자신이 살아갈 방식을 정한다는 뜻이다.
그가 쌓아가는 하루는 그래서 하나의 기록이자, 꾸준함으로 증명되는 용기다.

Q. 먼저 간단한 자기소개와 하고 계신 일에 대해 소개 부탁드립니다.

안녕하세요! 신랑, 신부님의 추억을 스토리보드 삼아, 한 편의 영화로 만드는 영상 디자이너 전성빈입니다.

저는 결혼식에 쓰이는 식전 영상을 전문으로 제작하고 있는데요. 단순히 검정 화면에 사진만 나오는 그런 영상이 아닌 직접 손수 디자인한 템플릿으로 예쁘게 만들어 드리고 있답니다. 결혼식에 가보신 분들은 알겠지만, 신랑 신부가 입장하기 전 식전,식중영상은 하객들의 시선을 모으고, 결혼식의 시작을 더 기대하게 만드는 장식 중 하나에요. 신랑,신부의 이야기를 먼저 영상으로 보여주면서 결혼식의 분위기를 한층 더 재미있게 만들어주는 역할을 하죠. 그리고 제가 아직 결혼하지 않았는데, 영상을 만들며 신랑 신부님이 함께한 순간들을 봐오니, 결혼이라는 게 단순한 행사 그 이상이라는 걸 느끼게 되더라고요. 저 역시 그 특별한 순간을 함께 축하할 수 있어 항상 기쁜 마음으로 일하고 있어요. 물론, 제 작업은 영상이라는 형태로 남겠지만 신랑,신부님껜 서로의 기억을 오래도록 간직할 수 있는 선물이라고 생각하고 있습니다.

Q. 청년들이 졸업 후 직장을 찾는 경우가 많음에도, 창업이라는 길을 선택하신 계기는 무엇이었나요?

단순해요. 그냥 좋아하는 일로 돈을 벌고 싶어서가 가장 큰 이유예요. 저도 처음엔 직장인의 삶을 생각했어요. 그런데 대학생 4학년을 앞두고 갑자기 생각이 많아지더라고요. 전공대로 무난하게 취업하는 것도 괜찮지만, 한 살이라도 더 어릴 때 좋아하는 일에 도전해 보고 싶었어요. 게다가 좋아하는 일을 하면서 돈까지 벌 수 있으면 정말 금상첨화잖아요? 그 일은 유튜브를 해보는 거였어요. 그때 당시엔(2021년) 유튜브가 한창 뜰 때여서, 저도 자연스레 유튜브를 하면서 돈을 벌면 정말 좋겠다고 생각이 든거죠.

그렇게 영상을 열심히 공부했어요. 그런데 공부하다 보니 저는 유튜브보다 영상을 예쁘게 만드는 거에 더 관심이 있다는 걸 알았어요. 그러다 보니 영상 편집에선 다른 편집자들보다 디테일이나 디자인적인 부분을 더 신경쓰게 되더라고요. 그게 지금의 결혼식 영상 제작으로 이어졌어요. 영상을 예쁘게 만들고 싶은 제 성향과 잘 맞았던 거죠. 돌아보면 '좋아하는 일을 해보자'라는 단순한 선택이 결국 지금의 창업까지 오게 만든 계기가 된 것 같아요.

Q. 사업을 시작하면서 가장 큰 도전이나 어려움은 무엇이었는지, 그리고 그것을 어떻게 극복하셨는지 궁금합니다.

저도 이번 생은 처음이라..사업은 처음이라..그냥 모든 게 다 처음이라..! 혼자 헤쳐 나아가야 한다는 게 가장 힘들었어요. '1인 창업'이잖아요? 혼자서 창업에 대한 정보도 얻어야 하고 시장조사도 해야 하고 마케팅도 해야하고... 이런 모든 것들이 다 처음인 게 제겐 가장 큰 어려움이었고, 지금도 마찬가지예요. 여러분들이 지금 당장 창업을 한다고 생각해 보세요. 아이템은 뭘로 할 건지, 홍보는 어떻게 할 건지, 고객은 어떻게 응대해야 할 건지..수많은 문제들이 한꺼번에 밀려올 거에요.

저 역시 그랬죠. 어떻게 극복했냐고요? 그냥 완벽하게 해내려 하기보다 하나씩 차근차근 부딪혀가면서 배워가는 방식을 택했어요. 모르면 검색해 보거나 유튜브 영상을 찾아보기도 하면서 조금씩 채워나가는 거죠. 그냥 맨땅에 헤딩했다고 보면 되는데 그래도 1인 창업이니 제 방식대로 사업을 굴릴 힘이 생겼다고 생각해요.

창업을 고민하는 청년들이라면 저와 같은 어려움을 반드시 겪을 거에요. 사업자 등록을 하는 순간부터 이미 두려움이 따라오니까요. 하지만 중요한 건 두려움이 있더라도 눈 딱 감고 시작해 보는 용기예요. 시작해 봐야만 알 수 있고, 해보면 분명히 길이 보일 거에요.

Q. 1인 사업가로 일하면서 느끼는 장단점에는 어떤 것들이 있나요?

장점이라면, 역시 시간을 자유롭게 조절할 수 있다는 점이 가장 커요. 집중이 잘 되는 시간에 일하고, 또 필요할 때는 과감히 휴식을 취할 수 있다는 게 가장 큰 메리트죠. 그리고 다양한 역량을 배워갈 수 있다는 점도 좋아요. 기획자이면서, 디자이너면서, 편집자이면서, 또 마케터이면서, 때로는 고객 상담자이기도 하거든요. 이렇게 여러 역할을 동시에 해내다 보니 스스로 성장하고 있다는 걸 확실히 느껴요.

하지만 동시에 이 부분이 단점으로도 작용하는 것 같아요. 다양한 역할을 수행하면서 책임질 것이 많아지다 보니 부담도 커지거든요. 다 똑같은 노력을 들일 수가 없어서 어느 한 곳에서 누수가 생기기 마련이에요. 그리고 사람에 따라 일 효율성에서도 차이가 날 거라 생각해요. 집에서 공부하는 것보다 독서실이 공부가 잘 되는 것처럼, 회사처럼 다 일하는 분위기 안에선 일 효율이 더 높고, 집에서 역시 일 효율성이 떨어질 거거든요. 당연히 저한테도 해당하는 이야기겠지만... 저는 그래도 집에서 일하는 걸 택하겠습니다. 그만큼 장점이 많으니까요!

Q. 1인 사업가는 자기만의 페이스를 유지하는 게 중요할 것 같은데요, 사업을 이어가기 위해 어떤 루틴이나 원칙을 지키고 계신가요?

저 같은 경우는 하루에 딱 5시간만 평일, 주말 구분 없이 매일 꾸준히 일하는게 루틴이고 원칙이에요. 혼자 집에서 일하다 보니 한번 쭉 쉬면 몸이 편해져서 그대로 다음 날까지 이어질 때가 있거든요. 그래서 차라리 짧게라도 매일 책상 앞에 앉는 걸 원칙으로 삼고 있습니다. 이렇게 하면 리듬을 잃지 않고 꾸준히 페이스를 유지할 수 있고, 또 하루를 성실하게 채웠다는 작은 성취감이 쌓여서 결국 더 오래 버틸 수 있게 되더라고요. 여담이지만, 이렇게 매일매일 짧게 일하니 효율성도 훨씬 좋아졌어요. 그리고 아무래도 사업이라는 게 벼락치기가 아니라 장기전이잖아요. 그래서 각자만의 페이스를 지키면서 매일 쌓아가는 방식이 좋다고 생각해요.

Q. 청년 창업자가 지속가능하게 사업을 이어가기 위해 가장 필요한 지원은 무엇이라고 생각하시나요?

제가 사업을 해오면서 느낀 건, 자본보다 더 큰 문제는 정보의 부족이에요. 처음 사업을 시작할 땐 아이템이 아무리 좋아도 팔리지 않아요. 그렇다면 홍보를 해야 하는데, 마케팅을 배운 적이 없는 사람은 당연히 모르잖아요? 어찌저찌 했다 해도, 정보의 부족으로 인한 문제는 연달아서 나타나요. 세금 신고만 해도 처음엔 도대체 뭘 어떻게 해야 할지 막막했고, 고객이 불만을 제기했을 때 어떻게 응대해야 하는지도 몰랐어요. 유튜브나 블로그를 통해 찾거나 책을 읽으면서 하나씩 채워갔죠. 중요한 건, 이렇게 혼자서 삽질하듯 배우다 보면 시간이 많이 소모되고, 지칠 때가 정말 많아요. 그래서 저는 청년 창업자들에게 단순히 지원금을 주는 것보다 실제로 부딪히며 배우는 과정에서 길잡이가 되어줄 멘토링이나 교육이 훨씬 더 절실하다고 생각해요.

Q. 앞으로 확장하거나 새롭게 도전해 보고 싶은 분야가 있으신가요?

나중에 나이가 들면 타로 창업도 해보고 싶어요. 사실 영상을 배우기 시작할 때 타로도 같이 시작했거든요. 졸업을 앞두고 선택과 집중이 필요하다는 걸 느껴서 수익성 면에서 더 좋은 영상을 택했고, 지금까지 해오고 있는 거죠. 그렇다고 타로를 놓고 있는 건 아니라서 현재 사업체가 안정된다면 타로 창업을 해보고 싶다는 생각은 있어요. 이 역시 좋아하는 일로 돈을 벌고 싶은 마음이 있어서 그런 거죠. 성남시 청년지원센터에서 '청년재능창업'이라고 각자가 가진 재능으로 예비 창업을 경험해 보는 프로그램이 있어서 한번 타로 클래스를 운영해 보기도 했어요. 운영해 보면서 느낀 건, 역시 좋아하는 일이라면 어떤 일이든 일이라고 느껴지지 않는다는 거에요. 그저 좋아하는 걸 할 뿐인 거죠. 그래서 언젠가 반드시 도전해 봐야겠다는 생각이 들었어요.

Q. 좋아하는 일을 따라가다 보니 영상과 타로를 하게 되셨는데, 이 두 가지가 어떤 의미로 다가오나요?

저에게는 결국 '사람과 연결되는 매개체'라고 할 수 있을 것 같아요. 영상과 타로는 전혀 다른 분야 같지만, 결국은 사람의 감정과 이야기를 다룬다는 점에서 닮아 있다고 생각해요. 영상을 통해서는 각자만의 추억과 감동을 선물할 수 있고, 타로를 통해서는 마음의 짐을 덜어줄 수 있거든요. 제 MBTI가 ENFJ인데 사람들과 연결되는 걸 중요시해요. 그래서 영상으로는 눈에 보이는 추억과 감동을 만들어주고, 타로로는 눈에 보이지 않는 마음의 고민과 불안을 덜어줄 수 있다는 점이 저한테 큰 의미예요. 단순히 돈을 벌기 위한 일이 아니라, 제가 좋아하는 일을 통해 누군가에게 의미 있는 경험을 줄 수 있다면 어떤 일이든 제겐 다 의미 있고 가치 있는 일일 거예요. 제가 앞으로 나아가고 싶은 방향이기도 하고요.

Q. 청년 창업가로 살아간다는 것의 현실과 의미에 대해 전하고 싶은 메시지가 있다면 부탁드립니다.

창업이란 게 겉으로 보기엔 멋있고 자유로워 보여도 사실 매일 작은 문제들과 맞서야 하는 게 현실이에요. 게임에 비유하면 레벨1부터 시작하는 게임인데, 어떻게 해야 레벨업이 되는지 모르는 상태로 캐릭터를 무작정 키우는 거예요. 그렇다고 공략법이 어디 나와있는 것도 아니에요. 그래도 누군가는 그런 곳에서 시행착오를 겪으면서라도 길을 만들어 가겠죠. 사실 우리는 대부분 누군가 만들어놓은 길만 걸어왔지, 직접 길을 개척해 본 적은 없는 사람들이잖아요. 창업이라는 게 바로 그 길을 새로 내는 과정과도 같아요. 누가 대신 깔아준 길이 없으니 당연히 힘들고 때로는 두렵기도 하죠. 하지만 그럼에도 한 걸음이라도 내디뎌야 새로운 길이 생기는 거예요. 결국 그렇게 만들어가는 길은 끝이 없는 길이라고 생각해요. 끝이 없다는 건 곧 무한한 성장 가능성을 품고 있다는 거예요. 한 걸음 내디딜 때마다 길은 조금씩 넓어질 테고, 아무것도 없던 황무지에는 내가 걸어온 흔적이 선명하게 남아 있어요. 저는 그게 청년 창업가로 살아간다는 것의 진짜 의미라고 생각합니다. 단순히 돈을 버는 일이 아니라, 나만의 길을 만들고 그 길 위에서 나 자신도 함께 성장해 가는 과정인 거예요.

Epilogue

interview
서울밖로컬생활자

소피는 서울을 떠나 지역에서 살아보기로 했다.
익숙한 일상을 잠시 멈추고, 낯선 곳의 공기와 사람들을 가까이에서 마주했다.
그 경험은 단순한 여행이 아니라, '지금 여기'를 살아보는 실험이 되었다.

그녀는 서울밖 여러 지역에서 생활하며,
그 안에서 만난 사람과 공간의 이야기를 기록으로 남긴다.
서울밖 로컬생활자의 여정은 결국 '삶의 중심을 스스로 옮겨보는 용기'에 관한 이야기다.

에필로그 인터뷰는 '서울을 다층적으로 들여다본 후,
이제는 그 바깥을 바라보자'는 생각에서 시작되었다.

서울밖 로컬생활자의 시선은 중심에서 벗어난 삶을 통해,
우리가 놓쳐온 '지속 가능성'의 의미를 조용히 되묻는다.

Q. '서울밖 로컬생활자'를 통해 어떠한 이야기를 전하고 계신가요?

안녕하세요, 집이 없는 게 취미인 로컬생활자 소피입니다. 서울에서 반 평생 이상 거주한 저에게 서울밖이란 그냥 경유지이자 여행지였어요. 그러다 새로운 삶을 도전해보고 싶어서 참여했던 단기 지역살이 프로그램이 계기가 되었어요.

2020년부터 전주, 거제의 프로그램에 참여했었는데, 이때 처음으로 서울에만 인구와 자원이 몰려있다는 걸 인식하게 됐어요. 서울에서 20년 넘게 살면서 매일 집-학교-회사 저만의 바운더리에만 갇혀 있었던 게 얼마나 우물 안 개구리의 삶인지 알게 된 거죠. 전주에서 만난 사람들의 삶, 거제에서 만난 사람들의 삶이 모두 다르듯, 다른 지역엔 어떤 사람과 삶이 존재하는지 알고 싶더라고요. 기왕이면 이 과정을 기록하는 것을 통해 다른 사람들과도 모두와 영감을 주고받고 싶어서 <서울밖 로컬생활자> 을 시작했어요. 주로 지역 이동하는 과정, 실생활의 느낀점이나 생각, 로컬의 정보와 소식을 알리는 콘텐츠를 제작했죠.

Q. 지금까지 다루셨던 콘텐츠 중에서, 가장 기억에 남는 로컬의 순간이나 공간은 무엇이었는지 궁금합니다.

거제 살이 할 때, 일일 포토부스를 기획해서 운영했던 적이 있는데요. 코로나 시기였고, 동네에 사진관이 없어서 예쁜 추억사진 선물해드리고자 특별한 포토부스를 만들었어요. 이 날 동네 식당 사장님들의 사진을 남겨드릴 수 있어서 행복했어요. 자영업자분들은 거의 대부분 하루도 쉬는 날이 없어요. 쉬어도 멀리 나가지 못해서 환기를 하기 쉽지 않고요. 사장님들께 특별한 기억의 사진을 남겨드릴 수 있어 행복했어요. 내가 지역활성화에 관심 있다고 해서 거창한 무언가를 목표로 하기보다, 주변 사람들과 함께할 수 있는 일을 하는 것. 동네 생활권에서, 가까이에 있는 사람과 함께 할 수 있는 일부터 생각하는 것. 로컬에 진심이라면 여기서부터 시작해야 한다는 걸 배운 순간이라 오래오래 기억해두고 싶어요.

Q. 콘텐츠를 제작하는 과정에서 개인적으로 얻은 가장 큰 배움이나 변화는 무엇이었나요?

무턱대고 즐거움에 흠뻑 빠져 마구마구 만들었던 적도 있고, 함부로 하면 안 된다는 생각에 너무 조심스러웠던 적이 있는데요. 그 과정에서 가장 큰 실수는, 고민하느라 돌아다니지 않고 놓쳤던 이 세상에 단 하나 뿐인 '오늘 지금 여기의 로컬'을 놓친 거예요. 볼게 없다고 여기고, 사람들이 좋아할 만한 장면이 뭔지 모르겠고, 사람들이 좋아할지 모르겠어서 놓친 무수히 많은 장면들. 인생은 타이밍이듯, 로컬도 마찬가지인데 지금도 자주 놓친답니다. 카르페디엠은 참 어려운 것 같아요.

Q. 다양한 인터뷰 콘텐츠를 꾸준히 이어오셨는데, 로컬 콘텐츠에 있어 '인터뷰'는 어떤 역할을 한다고 보시나요?

저는 관광 책자보다는 매거진을 보고 가볼만한 곳을 찾는 편이었어요. 주로 Around나 Paper, 컨셉진을 봤죠. 매거진에는 에디터의 발걸음이 담겨있어요. 어떤 장소를 다녀왔고, 그 장소에서의 기억이 오늘이란 하루를 어떻게 채웠는지, 자신에게 어떤 의미를 남겼는지. 에디터의 의미를 읽고 와닿는 부분이 있으면 따라가곤 했어요. 그러면 나도 누군가의 하루와 연결되고, 특별한 조각 속에 함께하는 거니까. 흔하디 흔한 장소가 아니라, 누군가의 특별한 장소를 경험하게 되는 거니까. 나도 언젠가 누군가에게 그런 의미있는 하루를 선물해보자고 생각했어요. 그러다 지금까지 로컬 콘텐츠를 꾸준히 만들게 됐네요.

로컬은 (now is here) 라는 의미가 있는 것 같아요. 일상 비일상의 공간들이 그냥 - 또간집, 인스타그램용 카페, 지금 가야하는 관광지... 이렇게만 소비되지 않았으면 해요. 삼계탕으로 유명한 맛집이 누군가에게는 부모님과의 유일한 추억이 있는 곳이고, 퇴근 후에 피곤을 풀던 의미있는 장소였단 사실이 저에게는 더 중요해요. 자주 방문하는 카페, 친구와 늦게까지 술 마신 술집, 애정하는 책방, 의미있는 프로그램, 커뮤니티 운영자... 우리가 일상에서 스쳐 지나가듯 쉽게 소비하고 있는 것들이 우리 삶의 소중한 일부이자 누군가의 삶의 전부잖아요. 로컬은 삶과 삶의 만남이고, 그 관계가 꾸준히 이어져야 지역이 재생(Play)되고요. 인터뷰는 기록으로 재생시키는 역할을 해요. 머릿속에 이미지로만 기억에 남는 '로컬'을 이야기로 풀어내 가치를 전하는 것, 인터뷰를 해야하는 이유예요.

Q. "수도권 플랫폼", "로컬은 접속을 안내할 사람이 필요하다"라는 말씀을 하셨었는데, 의미를 좀 더 풀어주실 수 있을까요?

수도권 플랫폼

우선, 대전제는 누구나 다양한 지역에서 원하는 삶을 펼칠 수 있어야 한다는 생각에서 출발했어요. 수도권 인구 과밀화와 지방소멸위기는 단순히 '숫자'의 문제가 아니라, 우리 사회 분위기가 어떤 '방향'으로 가고 있느냐의 문제인 것 같아요. 수도권에서 학업/직장/결혼/집을 소유하는 것 자체가 스펙이 되고, 성공이 되는 주류의 방향에서 벗어나면 안 될 것 같다는 의식. 이 의식에서 벗어나고 싶지만, 아직 수도권에서 머물고 있는 사람들을 위한 플랫폼이 필요해요. 새로운 로컬의 세계에 관심은 있지만 행동으로 옮길 시간적/경제적 여유가 없는 사람, 수도권에서의 생활이 안 맞고 괴롭지만 억지로 버티고 있는 사람, 새로운 로컬을 향한 비전이 있는 사람들끼리 만나고 계속 꿈을 키워나가고 싶은 사람, 당장 이주할 곳을 찾고 있는데 신뢰할 수 있는 정보와 사람이 모여있는 곳이 필요한 사람, 이런 사람들을 위한 플랫폼이요.

로컬의 세계를 잘 알기 위해선 직접 가보는 것이 가장 좋은 방법인데, 이미 훌륭한 프로그램이 많지만 숙박/거리/시간/비용 등의 두려움으로 선뜻 연결되지 못하고 있는 사람들이 분명 많을 거거든요. 왜냐면 제가 그랬으니까요. 오프라인 체험, 체류 프로그램이 아니어도 로컬과 연결될 수 있는 매개/방법/자원이 모여 있는 수도권 플랫폼이 필요해요.

로컬은 접속을 안내할 사람이 필요하다

과연 로컬이라는 단어가 익숙한 사람이 얼마나 될까요? 로컬도 브랜딩과 마케팅이 필요해요. 이곳은 어떤 이야기와 정체성, 가치를 담은 곳인지 설명해주고, 어떤 사람들이 오기에 적합한 곳인지 - 와서 무엇을 시도할 수 있는지 등 끊임없이 '와야하는 이유' '살아야할 이유'를 친절하게 설명해줘야 해요.

단순히 '우리 지역에 무엇무엇이 있어 매력적인 지역이니 와보세요!'라는 접근은 더 이상 매력적이지 않아요. 사람들은 정보보다 의미가 중요하고, 그 의미가 나에게 와닿는지가 더 중요하니까요. 그래서 현재의 사회적 분위기 / 사람들의 상태를 파악해서 사람들이 필요로 할 만한 부분에 맞춰 접근해야 한다고 생각해요. 이 과정에서 생산자(지역) 입장에서 익숙한 언어가 아니라, 소비자 입장에서 익숙한 쉬운 언어로 접근해서 말을 걸어야 해요.

제가 <로컬생활자>라는 캐릭터를 만들어서 공개적으로 활동하는 이유도 사람들이 저의 서사에 관심 갖는 것을 통해 자연스럽게 로컬에 관심갖게 되고, 로컬 크리에이터로 활동하고 싶은 사람이라는 페르소나로 제가 참여하는 활동에 더 몰입해서 관심을 가질 수 있기 때문이에요. 지역을 이동해서 살아보는 서사를 공개 기록으로 남기는 건 실패도 감수해야 하는 건데, 그럼에도 실패까지도 서사가 되고 '로컬'이 기억으로 남으니 계속 할 수 있어요.

Q. 현실적으로 많은 인프라가 서울에 집중되어 있어, 로컬의 삶을 선택하는 데는 어려움도 따를 것 같습니다. 서울이 로컬을 응원하고, 또 각 지역의 문화를 지켜내기 위해 우리가 할 수 있는 일은 무엇이 있을까요?

달리 생각해 보면, 인프라가 집중된 곳이어야 살기 편할 거라고 우리가 착각하고 있는 걸 수도 있어요. 이게 서울중심적인사고 라고도 할 수도 있겠는데요. 오히려 제 주변에는 서울에 인프라가 많이 집중되어 있는 것이 굳이 필요하지 않고 과하다고 느껴서 새로운 로컬의 삶을 도전하게 된 사람들이 많았어요. 저도 포함해서요. 다양한 로컬의 삶을 선택하는 것에 있어, 지역의 여건, 자원의 격차보다 '왠지 서울을 떠나면 안 될 것 같은 의식' '뒤쳐지면 안될 것 같고, 지방으로 가면 뒤처진다고 느껴지는 것 같은 의식' 이러한 태도의 문제가 더 크다고 생각해요. 이건 평소 갓생이 삶의 기본값이고, 타인의 시선을 지나치게 신경쓰는 한국 사회 문화와도 관련있기도 하고요.

그래서 본질적인 웰빙(Well being)의 의미를 회복하는 게 먼저라고 생각해요. 어디서든 어떻게 살아야 잘 사는 건지 알고, 내가 원하는 대로 존재할 수 있는 Well being. 각자가 각자의 삶을 잘 살아내는 건, 각 지역이 각 지역의 모습대로 잘 살아지는 것과 연결돼요. 주체적으로 살아갈 수 있는 사람은 주체적으로 자기만의 바운더리를 만들 줄 알고, 자기 주변을 스스로 변화시킬 줄 아니까요. 주체적인 사람의 주변엔 주체적인 사람들이 모이고, 지역이 하나의 커뮤니티로서 유기적으로 관계 맺을 때 지역도 자기답게 성장해요. 주체적인 사람이 지역다움을 만드는 거죠.

Q. 서울에게 로컬은, 로컬에게 서울은 어떤 존재라고 생각하시나요? 두 공간은 서로 어떤 영향을 주고받고 있다고 보시는지도 궁금합니다.

서울에게 지방은 '미래'이고, 지방에게 서울은 '과거'인 것 같아요. 서울은 이미 비슷한 콘텐츠, 비슷한 경쟁사가 많아 Only one이 되기 어려운 도시, 그래서 서로가 서로에게 과거이지 않나 싶어요. 이미 누군가 했던 일을 답습하거나 조금 다르게 바꿀 뿐이거나. 지방은 같은 일도 지방에서는 새로움으로 작용할 확률이 높기에 사람들이 아직 겪어보지 않은 미래를 만들 수 있는 곳인 것 같아요.

반면에 서울을 성공의 목적지나 등용문으로 바라보지 않고, 새로운 미래를 쓰고자 지방을 택하는 사람들도 늘어나고 있잖아요. 그래서 지방에게 서울은 '과거'인 것 같아요. 앞으로는 서울과 지방으로 이분할 되어 보기 보다, 각 지역의 아이덴티티-서사-그곳에서 사는 사람들에 따라 존재감을 인식할 수 있었으면 좋겠어요. 호사로운 "완주"처럼 지역을 기억할 수 있는 지역만의 수식어와 단어가 생겨나길 바라요. 더 나아가서 특정 지역에 거주하는 것 자체가 스펙이 되는 게 아니라, 개인의 취향과 기호에 따라 지역을 선택하는 삶이 당연한 게 될 때 서울도 모든 로컬도 더 행복해지지 않을까 싶어요.

Q. 앞으로 로컬을 주제로 실현해보고 싶은 프로젝트가 있으신가요?

로컬생활자를 위한 집을 만들고 싶어요. 로컬생활자로서의 삶을 꿈꾸는 사람들을 위한 캠프를 여는 공간이자, 언제나 드나들며 모임에 참여할 수 있는 커뮤니티 공간이요. 떠도는 마음을 붙잡아 두기 위해 마음을 기록하면서, 어디로 나아갈지 삶의 지도도 그려보고, 다른 지역을 경험해본 사람들의 이야기도 듣는 시간을 보낼 수 있었으면 좋겠어요. 배는 한 번 떠나면 항해는 시작되고 마는 건데, 그 한 번의 출발이 어려운 거라 항해를 떠나기 전의 멈춤의 시간을 함께 보내고 싶어요. 어디로든 더 자유롭게 나아갈 수 있도록 머무는 선착장.

Q. 마지막으로 '서울에서 로컬을 바라보는 태도'에 대한 메시지가 있다면 부탁드립니다.

무엇을 예상하고 있든, 그 이상일 수도 있고 그 이하일 수도 있고. 가장 큰 차이가 있다면, 내 시선의 차이일 뿐이에요.

Behind the Layers

서울 속 레이어들을
만나본 소감

Q1. '서울'이라는 도시를 이번 작업 이후 어떻게 바라보게 되었나?
Q2. 앞으로의 '나의 서울'을 어떻게 채워가고 싶은가?

서효원 프로젝트 매니저

이번 프로젝트를 기획, 담당한 서효원입니다. 원예와 조경을 전공하고, 다양한 분야에서 재밌는 일들을 만들어 나가고 있습니다.

Q1.

저에게 '서울'은 지금까지 평생 생활했던 너무도 익숙한 '디폴트값'이었습니다. 늘 서울에 있어 왔기 때문에 굳이 서울에 생활하고 있음을 인식하고 지낼 필요가 없었습니다. 하지만, 이야기를 발굴하려고 서울을 관찰하고 인식하기 시작하니 한 장소에서도 겹겹이 쌓인 시간과 이야기들을 알 수 있었습니다.

공간에 대해 공부하면서 이러한 이야기들의 중요성을 모르고 있었던 것은 아니지만, 프로젝트성으로 일을 키워서 기록하는 것은 처음이었습니다. 평소에 관심이 있었다고 생각했음에도 글로 표현하기 위해서는 더 많은 고민을 필요로 했습니다. 그렇기에 앞으로도 주변을 바라보는 시선에 깊이를 더해줄 소중한 경험이 되었습니다.

Q2.

저는 좋아하는 것을 발견하면 망설이지 않고 깊게 파고드는 사람입니다. 옳다고 믿고 재미있다고 느끼면 일단 시작하고, 오래 꾸준히 이어갑니다. 좋아하는 것들을 찾아다니며 좋아하는 것이 가득한 서울로 만들고 싶습니다.

강이서 에디터

서울에 스민 따뜻한 이야기를 담았습니다. 글 속에 담긴 마음이 전해지길 바라며, 함께 서울의 새로운 레이어를 발견하는 걸음을 내디뎌볼까요?

Q1.

서울은 그동안 저에게 변화의 중심이자, 빠르게 움직이고 끊임없이 새로워지는 도시라고 생각했습니다. 새로운 건물들이 생기고, 유행이 바뀌는 모습을 눈앞에서 체감할 수 있는 이 도시를 보며 늘 앞으로 나아가는 느낌을 받곤 했습니다. 그래서인지 그 속에 얼마나 깊은 이야기들을 간직하고 있을지는 진지하게 생각해 본 적이 없었습니다. 하지만 이번 작업을 통해 자주 지나쳤던 골목, 스쳐 지나간 가게 안에 생각보다 훨씬 많은 시간과 기억이 쌓여 있다는 걸 느꼈습니다. 이 도시에서 살아가는 누군가의 하루가 기록된 공간을 찾아다니는 즐거움을 배웠습니다.

Q2.

사실 이번 프로젝트를 통해 바뀐 건 서울을 바라보는 시선뿐만 아니라, 앞으로 제가 살아갈 모든 도시를 대하는 태도라고 생각합니다. 내가 발을 내딛고 살아가는 공간을 나만의 시선으로 해석하고, 그 안에서 나의 시간을 차곡차곡 채워나가는 것이 진짜 '나의 서울'을 만들어가는 길이라는 것을 깨달았습니다. 변화의 속도를 쫓아가기보다는 그 안에 담긴 기억을 발견해 나갈 수 있는 마음을 가지는 것이 소중하다는 것을 느꼈습니다. 특별한 무언가를 해야겠다는 부담보다 내가 하루를 보내는 방식과 자주 찾는 골목, 머무는 시간에 애정을 담아 기록해 나가고 싶습니다.

류정윤 콘텐츠

서울의 이야기를 한눈에 담아보았습니다. 매거진의 따뜻한 마음이 잘 전달되길 바라며, 글을 읽는 동안 또 다른 서울의 매력을 발견하는 즐거움을 느껴보시길 바랍니다!

Q1.

사실 서울은 저에게 익숙하면서도 낯선 도시였습니다. 하지만 이번 프로젝트를 통해 각 장소에 얽힌 이야기와 시간을 알게 되면서 서울을 새롭게 바라보게 되었습니다. 예전에는 그저 스쳐 지나가는 도시라고만 생각했지만, 이곳에는 오래된 역사와 수많은 사람들의 일상이 존재했고, 앞으로 제가 살아갈 터전이기도 하다는 사실을 깨달았습니다. 도시를 주제로 한 작업은 처음이라 걱정과 고민이 많았지만, 그만큼 기억에 남을 경험이 되었습니다. 서울뿐만 아니라 주변을 바라보는 시선까지도 깊어졌고, 앞으로의 생활을 더욱 의미 있게 만들어 줄 소중한 시간이었습니다.

Q2.

빠르게 변하고 끊임없이 새로운 것이 생겨나는 곳이지만, 그 속에서 나만의 속도로 즐기고 느낄 수 있는 공간과 시간이 있다는 점이 매력적입니다. 서울은 단순한 생활의 배경이 아니라, 이야기와 의미가 켜켜이 쌓인 도시였으면 합니다. 서울이 품고 있는 다양한 이야기 속에 나의 추억과 감정을 차곡차곡 쌓아, 시간이 지나도 꺼내볼 수 있는 '나만의 서울 지도'를 만들어가고 싶습니다.

정서영 콘텐츠

각기 다른 청년들이 서울 구석구석을 돌아다니며 서울의 매력을 담은 레이어드 서울이 발행되었습니다. 감상하는 동안 스스로가 생각하는 서울을 되돌아볼 수 있는 시간이 되길 바랍니다!

Q1.

학창 시절을 외국에서 보낸 뒤 돌아온 서울에서의 삶의 템포가 빠른 게 느껴졌습니다. 적응하기 바빴던 대학 시절부터 미래를 위해 준비하는 취준생까지 저에게 서울은 "열심히 살아야 하는" 공간이자 여백 없이 빽빽하게 시간을 채우는 공간입니다. 이번 매거진을 준비하며 가고 싶었던 곳을 찾고, 좋아하는 공간들을 디깅하며 스스로의 취향을 발견하기도 하고 살아가기 바빴던 곳들을 되돌아볼 수 있었습니다. 평소에는 이동하기 바빠, 무언가를 하기 위한 조급함으로 놓쳤던 서울만의 매력과 서울에 담긴 다양한 공간들을 눈에 담고 제대로 즐길 수 있던 기회가 되었으며 제가 서울을 사랑하는 이유를 다른 사람들과 나눌 수 있어 즐겁게 임할 수 있었습니다.

Q2.

여행지에서 오는 여유로움, 아름다운 풍경 속에서 즐기는 나만의 시간을 동경하며 비행기에 오르는 날만을 기다리곤 했습니다. 프로젝트 기간동안 서울을 '여행지'라고 생각하며 애정하는 공간을 찾고, 공유하는 과정에서 저만의 속도로 서울을 즐기고 싶다는 생각을 지니게 되었습니다. 서울 구석구석을 돌아보는 누군가에게 서울은 일상적이면서도 특별한 곳이라 믿으며 저 또한 저만의 속도로 서울에 대한 애정을 키워나가고 싶습니다.

윤혜령 에디터

소중한 공간들의 가치가 잘 전달되길 바라며, 글을 읽는 동안 잠시 머무르며 여유를 느끼시길 바랍니다. :)

Q1.

제게 서울은 '내가 생활하는 공간' 그 자체였습니다. 늘 일상에서 함께했기에, 언제나 저에게 가장 가까운 곳이었고, 그래서 오히려 더 깊게 알아보려 하지 않았던, 너무도 당연한 배경 같은 존재였습니다. 그러나 이번 작업을 통해 조금 다른 시선으로 서울을 바라보게 되었습니다. 가까이에 이렇게 아름답고 다양한 장소들이 숨어 있었다는 사실을 발견했고, 그동안 무심히 스쳐 지나쳤던 풍경들이 새로운 의미와 이야기를 품고 있다는 것을 깨달았습니다. 먼 곳으로 떠나야만 특별함을 느낄 수 있다고 생각했던 제게, 서울은 충분히 아름답고 다채로운 감각을 선사해 주었습니다.

Q2.

이번 프로젝트를 통해 서울을 새롭게 바라볼 수 있었던 만큼, 앞으로는 이 도시를 단순히 생활의 무대가 아닌, 매일 다른 모습을 보여주는 공간으로 채워가고 싶습니다. 멀리 떠나야만 특별함을 만날 수 있다고 생각했던 예전과 달리, 지금은 가까운 곳에서도 충분히 다채로운 아름다움과 이야기를 발견할 수 있다는 것을 알게 되었으니까요. 앞으로의 '나의 서울'은 매일 새롭게 발견되고 기록되는, 그래서 시간이 지날수록 더욱 따뜻하고 풍요롭게 채워지는 공간이 될 것 같습니다.

유정연 콘텐츠

서울의 매력적인 공간들을 담은 레이어드 서울이 발행되었습니다. 평소엔 잘 몰랐던 새로운 서울을 알아가는 시간이 되길 바랍니다!

Q1.

대학교에 진학하면서 처음 서울에 올라와 보낸 첫해는, 사실 설렘보다는 낯섦이 더 크게 다가왔습니다. 아직 인간관계가 충분히 형성되지 않은 상태에서 마주한 서울은 차갑고 바쁘게만 느껴졌습니다. 하지만 이번 프로젝트를 계기로 서울을 조금 더 다르게 바라보게 되었습니다. 단순히 거대한 도시, 차가운 공간이 아니라 내가 직접 마주하고 경험하며 친근해질 수 있는 공간이라는 것을 알게 되었고, 그 속에서 작은 따뜻함과 매력을 발견할 수 있었습니다. 이번 경험은 저에게 서울이 단순히 살아가는 도시가 아닌, 천천히 관계를 맺어갈 수 있는 곳이라는 인식을 심어주었습니다.

Q2.

이번 활동을 통해 깨달은 건, 결국 내가 직접 발로 다니고 경험하며 만들어가는 서울이 가장 내 것이 된다는 사실입니다. 성인으로서 한 걸음을 내디디며 앞으로는 힘들 때, 기쁠 때, 또 혼자 있고 싶을 때 찾을 수 있는 나만의 장소들을 하나씩 만들어가고 싶습니다. 그렇게 쌓아둔 공간들을 필요할 때마다 꺼내 쓰듯이, 서울이라는 도시 안에 나만의 추억과 감정을 차곡차곡 담아가고 싶습니다. 결국 내가 살아가는 서울은 거대한 지도 위의 서울이 아니라, 내가 경험하고 채워 나간 작은 순간들의 모음일 거라 믿습니다.

이 책을 만들기 위해

도움을 주신 모든 분들께

감사드립니다.